夜光纤维光谱蓝移
研究与应用

李婧 著

化学工业出版社

·北京·

内 容 简 介

本书基于稀土材料在夜光纤维制备领域的最新研究进展，系统概述了夜光纤维和蓝移材料的基本概念、发光机理及发展现状，阐明了掺杂硫镝盐类蓝移材料的夜光纤维的制备方法及其性能，系统分析了纤维光谱蓝移的影响因素及纤维内部的能量传递机理，最后介绍了夜光纤维在服装配饰、机绣织物等纺织领域的应用。

本书可供从事稀土材料、无机非金属材料、纺织材料等领域的科研人员和技术人员参考，也可供高等院校纺织科学与工程、材料科学与工程等相关专业的师生阅读。

图书在版编目（CIP）数据

夜光纤维光谱蓝移研究与应用/李婧著. —北京：化学工业出版社，2022.11
ISBN 978-7-122-42077-0

Ⅰ.①夜… Ⅱ.①李… Ⅲ.①纤维-研究 Ⅳ.①TQ34

中国版本图书馆 CIP 数据核字（2022）第 160957 号

责任编辑：冉海滢　　　　　　　　装帧设计：韩　飞
责任校对：宋　玮

出版发行：化学工业出版社（北京市东城区青年湖南街 13 号　邮政编码 100011）
印　　装：北京科印技术咨询服务有限公司数码印刷分部
710mm×1000mm　1/16　印张 9½　字数 205 千字
2023 年 2 月北京第 1 版第 1 次印刷

购书咨询：010-64518888　　　　　　售后服务：010-64518899
网　　址：http://www.cip.com.cn
凡购买本书，如有缺损质量问题，本社销售中心负责调换。

定　　价：88.00 元　　　　　　　　　　　　版权所有　违者必究

前　言

作为我国国民经济传统支柱行业之一的纺织业，多年来在扩大出口、繁荣市场、吸纳就业、促进城镇化发展等方面发挥着重要作用。但随着市场需求和消费结构的不断变化，原有单一性能的纤维原料已经不能满足社会发展的需求。因此，要解决纺织产业中的问题，需要从纺织原料、工艺等方面不断尝试创新，通过工艺处理或添加功能助剂对天然纤维或化学纤维进行功能改性，积极开发新技术产品，加大高性能、功能性、差别化纤维的开发力度，扩大其在功能性纺织品、绿色环保生态纺织品、产业用纺织品等重点领域的应用，依靠科技贡献率提高产品附加值。在此背景下，一种蓄发光节能环保型夜光纤维纺织材料应运而生。

目前，夜光纤维已经实现了产业化生产。但是，其发光色相仍不理想，夜光纤维的发射光谱集中分布在 510～530nm 的黄绿色光区，发光颜色较为单调，缺少蓝色光。而三芳基硫鎓六氟锑酸盐（THFS）是应用最广泛的阳离子光引发材料之一，具有较高的光引发性能、较小的内应力、较好的热稳定性能、耐磨性能以及耐化学品腐蚀性能等，能够受光分解产生活性的自由基和蓝色生色团。

鉴于以上考虑，本书在对夜光纤维光谱蓝移材料筛选的基础上，搭建了一种基于掺杂硫鎓盐的光谱蓝移夜光纤维的制备方法，用于获得性能优异的蓝色光夜光纤维。通过深入分析夜光纤维光谱蓝移特性、影响因素及在纺织产品中的应用价值，结合荧光共振能量转移理论，构建了纤维内部的能量传递机制。

本书系统介绍了夜光纤维的光谱蓝移技术，并在此基础上研究了夜光纤维纺丝原料添加量、蓝移材料三芳基硫鎓六氟锑酸盐掺杂量、熔融纺丝温度和激发条件等参数对纤维光谱蓝移的影响，并深入分析了纤维光谱蓝移的发光机制及纤维的应用前景。全书由 5 章组成，第 1 章介绍了夜光纤维和纤维用纺丝材料——硫镓盐类蓝移材料的特性、发光机制和研究进展情况；第 2 章主要介绍了硫镓盐类蓝移材料和掺杂硫镓盐类蓝移材料夜光纤维的制备方法和性能；第 3 章通过添加不同含量的纺丝材料，改变纺丝工艺和激发条件制备出多款夜光纤维，深入探讨了掺杂硫镓盐夜光纤维光谱蓝移的影响因素和纤维内部的能量传递过程；第 4 章从标准色度学角度入手，运用一种可以通过色坐标计算斜率的分区查询方法对夜光纤维光谱颜色进行模拟计算，用于与实际测量值进行验证分析；第 5 章介绍了夜光纤维在服装配饰、机绣织物等领域中的应用。书中部分图片嵌入右侧二维码中，读者扫码即可参阅。

本书总结了编者多年从事夜光纤维及其纤维制品研究的工作成果，得到了宁波大学的支持和化学工业出版社的大力协助。同时，本书还得到了浙江省属高校基本科研业务费项目和浙江省自然科学基金的资助，特此向支持和关心编者研究工作的所有单位和个人表示衷心的感谢。由于编者水平有限，虽几经改稿，书中不足和疏漏之处在所难免，恳请专家和广大读者不吝赐教。

宁波大学　李婧
2022 年 6 月于宁波

目　录

第5章 夜光纤维的应用 113

第1章

绪 论

1.1　夜光纤维概述

1.1.1　夜光纤维的概念和特征

夜光纤维又称稀土发光纤维，是指以稀土发光材料作为发光光源，经过特种纺丝工艺制成的具有夜间自动吸光-蓄光-发光性能的高科技纤维。该纤维具备夜间发光的优异性能，只要吸收任何可见光 10min，便可被激发将吸收的光能储存于纤维之内，在无光照或黑暗状态下可持续发光 10h 以上，且可无限次循环使用。通常情况下，夜光纤维在有光照条件下，因添加多种颜料，能够呈现出丰富多彩的颜色，而在没有可见光照的条件下，该纤维本身也能发出各种颜色的光，如绿光、黄光、蓝光等。

目前，对夜光纤维的开发利用不仅是应对我国资源匮乏形势的需要，同时也是实现节能减排、达到我国"双碳"目标、实现化纤产业可持续发展的迫切需要。夜光纤维是我国具有自主知识产权的新型蓄发光纤维，采用该纤维材料制得的产品可广泛应用于纺织服装及装饰用品等领域，包括但不限于夜光纺织品、功能服装、夜光毛绒玩具、刺绣艺术品、防伪产品等。

1.1.2　夜光纤维的发光机制

自然界中的发光是指物质通过某种形式获取能量后转变为光辐射的一种现象。因此，当夜光纤维接受外界能量（光照、外加电场或电子束等）刺激时，可以通过吸收能量而被激发，在此过程中，存在部分多余能量以光和热的形式释放出来，同时也可能伴随着一些化学变化，而另一部分能量以可见光的形式释放出来，从而形成纤维的发光。稀土夜光

纤维中 $SrAl_2O_4$：Eu^{2+}，Dy^{3+} 发光材料的内部能量转换过程如图 1-1 所示。由图可知，发光材料的能量传递包括激发、吸收和转换三个过程，该发光材料在吸收能量后除了进行热辐射外，还可以在外界能量停止激发时将其储存起来继续发光一段时间，这部分光被称为余辉。

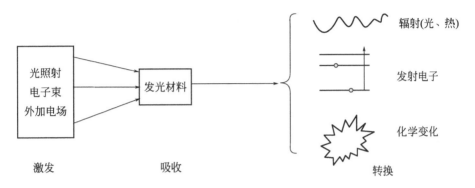

图 1-1　$SrAl_2O_4$：Eu^{2+}，Dy^{3+} 发光材料的内部能量转换过程

稀土夜光纤维的发光机理与纤维中稀土离子本身所具有的特殊电子结构有关。稀土离子吸收外界光照后可以通过三种跃迁从基态变为相应的激发态，第一种是组态间 f-d 能级的跃迁；第二种来自 f-f 组态内能级的跃迁；而第三种是通过配体向稀土离子传递的电荷跃迁[1]。通过三种跃迁转化为 $4f^n$ 组态的激发态后接着向低能态辐射跃迁时，可以发出荧光。具体的发光原理如图 1-2 所示。

图 1-2 中，E_1 代表低能级，E_2 代表高能级，IC 表示内部转换，ISC 表示系间窜越，A 表示基态（低能级）跃迁到激发态（高能级）的光吸收过程，E 表示激发态回到基态辐射跃迁产生的荧光，P 表示多重度改变中激发态回到基态辐射跃迁产生的磷光。当光照射到夜光纤维表面时，稀土离子 Eu^{2+} 吸收光能后从 E_1 低能级跃迁到 E_2 高能级，完成发光过程的吸收环节；当能量处在 E_2 高能级不稳定时，便会回到低能级 E_1，在此过程中发光的能量跃迁称为内转换。此外，多重度不同能级之间也会产生能量跃迁，该过程叫作系间窜越[2]。

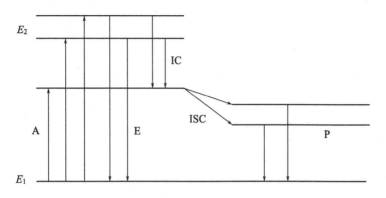

图 1-2　夜光纤维的发光原理

$SrAl_2O_4$：Eu^{2+}，Dy^{3+} 夜光纤维的主要发光中心来自 Eu^{2+} 和 Dy^{3+} 激活的 $SrAl_2O_4$ 发光材料。其中，Eu^{2+} 对其纤维的发光机理起到决定性作用，Eu^{2+} 同时存在两种跃迁方式：f-d 能级吸收跃迁和 f-f 组态内能级的跃迁。由于 $4f^65d$ 电子构型中的 5d 轨道裸露在电子的外层，受到外部场影响相对明显，f-d 能级跃迁的发射光谱呈现宽带谱，发射强度也相对较高，可以通过对外部电场的控制改变 5d 态的位置，结果使得 Eu^{2+} 的发光区域很容易落在可见光区的任何位置，所以适合制备长余辉发光材料[3-7]。

1.1.3　夜光纤维光谱特性的研究进展

稀土夜光纤维的光谱位移来自纤维中稀土离子的光谱变化，由于夜光纤维与纺丝所用稀土发光材料的光谱特性非常相似，仅在相对强度和波长范围上存在差异。因此，对稀土离子光谱现状的研究至关重要。人们对稀土离子光谱的发现已有一个多世纪，Becquerel 在 1906 年研究矿石的发光光谱时无意中发现在一种含稀土和过渡元素的矿石中存在一种特别尖锐的光谱线[8]，随后发现这种谱线与气体化学元素的吸收和发射谱线相似，但是，当时并没有引起研究人员的充分注意，因此，在一定程度上影响了对稀土元素光谱特性的研究。1913 年 Bohr 的原子理论，1926 年的量子力学和 1929 年 Bethe 的晶体场理论[9] 以及 Condon-Shortley 的原子光谱理论出现后，稀土元素的光谱现象才逐渐引起科学家们的研究兴趣。随后，国内外研究人员开始展开对光谱学的研究，进一步确认了稀土离子中 4f 壳层内的禁戒跃迁决定了上述锐线型稀土离子的吸收光谱。

20 世纪 50 年代后，稀土离子的光谱学及其理论才开始在美国、英国、法国、荷兰和瑞士等国家全面发展起来，在美国的 Hopkins 大学还成立了专门的稀土光谱研究室，此后，光谱学的相关书籍也陆续在国际上出版，书中集中反映了稀土离子的光谱能级和 $4f^n$ 组态的光谱行为。而我国对于稀土发光材料的研究开始于 20 世纪 70 年代，一些科研机构和高校陆续展开了对稀土发光材料及其光谱特性的研究，并在显示材料、稀土发光和发光基础等理论研究上取得一定成就。

近年来，随着科学技术的发展和新的科学现象的不断涌现，多光子吸收过程、高激发态能级的光谱以及非线性光谱现象等精细化的光谱行为研究得到了快速发展。但是，这些光谱行为主要集中在物理学领域，对于稀土离子应用到纺织领域的研究，特别是功能纤维领域中对稀土元素光谱行为的研究非常少见，仅存在少量相关研究。如图 1-3 是由江南大学和无锡宏源化纤厂合作研发的掺杂 $SrAl_2O_4$：Eu^{2+}，Dy^{3+} 的黄绿色光夜光纤维，填补了国内稀土元素在纺织领域的应用空白，属于国内首创的高科技功能纤维。此外，与该纤维相关的物理性能、发光性能及光谱行为等多由江南大学纺织科学与工程学院的差别化研究室进行系统研究[10-13]，有机化合物与聚合物基材的相容性好，易于制备出各种各样的高分子发光材料[14]，国内学者对该类发光材料的光谱特性进行了相关研究。例如：2014 年，朱亚楠[15] 研究了氧蒽衍生物/稀土铝酸锶复合夜光纤维的光谱特性，认为添加氧蒽衍生物使得夜光纤维光谱红移，且探讨了夜光纤维光谱红移的影响因素。

图 1-3　$SrAl_2O_4$：Eu^{2+}，Dy^{3+} 夜光纤维在夜间的发光效果

　　稀土夜光纤维光谱的应用非常广泛，其独特的发射光谱犹如人的指纹一样各不相同。每一种元素都有它特有的发光谱线，掺杂的稀土发光材料的光谱特性是夜光纤维产生黄绿色光的主要原因。利用稀土夜光纤维的光谱特征不仅能够定性分析物质的结构与化学成分，还可以标识出发光物质的光色，甚至可以准确确定发光材料中元素的多少，分析速度快，很大程度上提高了科研工作的效率。

1.1.4　夜光纤维光谱蓝移评价指标

　　夜光纤维光谱位移变化的研究主要包括两个方面：光谱向长波段（红移）方向移动和短波段（蓝移）方向移动。目前夜光纤维光谱红移的研究已有报道，但是，光谱蓝移方面的报道依然少见。本书所述"蓝移"是指材料的最大吸收波长向短波长方向移动，也指光谱的吸收峰向短波长移动，当光源向观测者接近时，相当于向蓝端偏移，称为"蓝移"，但其存在能增强生色团的生色能力（改变分子的吸收位置和增加吸收强度）的一类基团。由于夜光纤维发光颜色单调，缺少蓝色光，因此，在对夜光纤维光谱蓝移材料筛选的基础上，有必要搭建一种光谱蓝移评价指标。

稀土夜光纤维的发光光谱主要来自纤维中稀土离子的发光光谱，而晶体中稀土离子的发光光谱包括 $4f^n$ 组态内的锐线型光谱（也称 f-f 跃迁），以及 $4f^n$ 组态和 $4f^{n-1}5d$ 共同组态内的带状光谱。由于 4f 电子轨道中电子的主量子数量较大，$n = 4$，轨道角动量 $l = 3$，形成的能级数量多导致能级之间的跃迁多，使得光谱覆盖从紫外光到红外光各波段，并且稀土离子形成的窄带光谱发光颜色纯正，因此，属于稀土夜光纤维理想的激活离子。

经过多年的研究工作，各个稀土离子在很多基质中形成的光谱已被广泛研究。目前，已经全面生产应用的稀土夜光纤维主要采用稀土铝酸锶发光材料与纺丝基材共混熔融纺丝而成。本书选用的稀土夜光纤维发光光谱来自稀土 $SrAl_2O_4 : Eu^{2+}$，Dy^{3+} 发光材料中稀土离子能级间的跃迁行为，即稀土离子中发光中心 Eu^{2+} 的电子吸收光能后从基态 $4f^7$ ($8S_{7/2}$) 跃迁到激发态 $4f^65d^1$ 的过程[16-21]。且本书主要研究掺杂三芳基硫鎓六氟锑酸盐（THFS）的夜光纤维，其与目前使用的蓝色光发光材料制备的夜光纤维具有完全不同的发光原理。采用蓝色光长余辉发光材料制备的夜光纤维发光光色属于单色光，而掺杂 THFS 的夜光纤维是通过检测发光材料和三芳基硫鎓六氟锑酸盐之间的光传递效率得到的一种复色光发光材料，纤维在特定激发光下将会产生双发射光谱曲线，经过曲线叠加后会产生蓝色复色光，具有唯一性，可作为传统蓝色光纤维的升级替代产品。那么在分析夜光纤维光谱蓝移特性的同时，必须要先探究纤维中影响稀土发光材料激发光谱和发射光谱发生改变的原因，才能进一步研究稀土夜光纤维的发光光谱和色谱。本书所述夜光纤维光谱蓝移的评价指标主要是指与纤维光谱位移相关的激发光谱、发射光谱和发光色谱。

首先，激发光谱作为夜光纤维光谱蓝移评价指标之一，是指发光材料的发光强度或发光效率随激发光波长的变化而获得的光谱，它反映了该发光材料的最佳阶段激发光[16]。张技术[22] 将稀土铝酸锶发光材料、聚合物切片（PET）和纺丝助剂混合预处理之后熔融造粒，制成了纺丝原料母粒，将制备好的母粒与聚合物基材熔融纺丝制得稀土铝酸锶夜光纤维。为了更加直观地介绍该纤维中稀土离子的光谱特征，下面将稀土铝酸锶夜光纤维的激发光谱进行展示。以稀土铝酸锶发光材料和 PET 基材的 $SrAl_2O_4$：Eu^{2+}，Dy^{3+} 夜光纤维为例，从图 1-4 中可以看出，稀土铝酸锶发光材料的激发光谱呈现出连续的宽带谱，激发峰位于 320～360nm 之间，稀土 $SrAl_2O_4$：Eu^{2+}，Dy^{3+} 夜光纤维的激发光谱与稀土铝酸锶发光材料类似，但光谱激发范围变窄，主激发峰位于 350～360nm 之间，也属于连续的宽带谱。

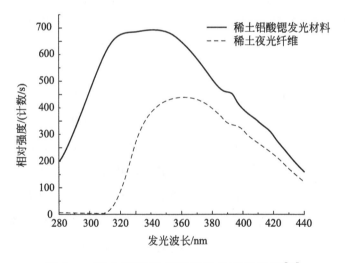

图 1-4　稀土铝酸锶夜光纤维的激发光谱[22]

其次，发射光谱是指发光材料在某一特定波长的激发光作用下荧光强度在不同波长处的能量分布情况。稀土夜光纤维的发射波长决定纤维的发光颜色，与掺杂发光材料配方、激发光条件和纺丝工艺等方面密切相关。因此，对夜光纤维发射光谱的测试可以深入了解夜光纤维光谱位移的原因和机理。图 1-5 为张技术[22] 制备的夜光纤维和稀土铝酸锶发光材料的发射光谱。

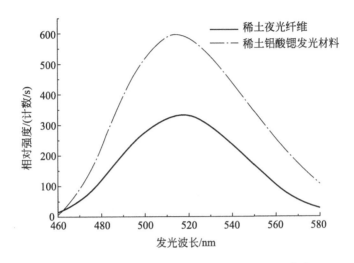

图 1-5　稀土铝酸锶夜光纤维的发射光谱[22]

从图 1-5 中可以看出，稀土铝酸锶发光材料和稀土 $SrAl_2O_4$：Eu^{2+}，Dy^{3+} 夜光纤维的发射光谱非常相似，均为连续宽带谱，且发射峰均位于 520nm 附近，属于 Eu^{2+} 的特征发射，但发射强度有所不同。稀土发光材料的发光光谱对稀土夜光纤维的光谱特性起到决定性作用。但是，夜光纤维与所用发光材料的光谱特性在相对强度和波长范围上存在差异。原因可简单解释为：夜光纤维的发光来源主要是稀土发光材料，由于纤维中添加了纺丝基材，在一定程度上对激发光具有一定的吸收、反射、透射和折射作用，使得纤维中发光材料接受的激发光减少，发射光子数量也随之减少，发光强度降低。

发光色谱作为稀土夜光纤维光谱蓝移的重要评价指标之一，指发光材料的发射光依照光波长的大小形成的颜色图案。研究物质的发光光色可以从它自身的发射光谱来判断，而发射波长决定发光颜色，不同可见光波长引起人眼的颜色也不同，表 1-1 展示了不同光谱颜色和波长的关系，从表中可以看出不同的颜色对应不同的可见光波长，由红到紫的颜色变化对应着单色光波长的由长到短。人眼对 550nm 的黄绿色光最为敏感[23-26]，只要每秒 6 个波长为 530nm 的绿光光子刺激人眼，就能产生对该物体的颜色感觉信息，而稀土夜光纤维的发射光谱主要集中在 520nm 的绿色光区，该区域非常接近人眼最敏感的光波长区[27-32]。

表 1-1 不同光谱颜色和波长的关系

光谱颜色	波长范围/nm
红	620～770
橙	590～620
黄	560～590
黄绿	530～560
绿	500～530
青	470～500
蓝	430～470
紫	380～430

夜光纤维的发光颜色是由主波长决定。通常情况下，可以通过国际照明委员会制定的 CIE1931 色度图对夜光纤维的光色分区进行准确定位。CIE1931 色度图具有很大的实用价值，可以标定出任何颜色，包括光源色和表面色，并准确地描述出夜光纤维的光色。CIE1931 标准色度图如图 1-6 所示，该色度图是将所有光谱色的色度坐标点连接起来形成的一条舌形光谱曲线，绿色光区位于图的左上部，红色光区在右下部，蓝紫色光区在左下部。

此外，发光材料、纺丝助剂、纺丝基材、激发条件以及无机颜料等

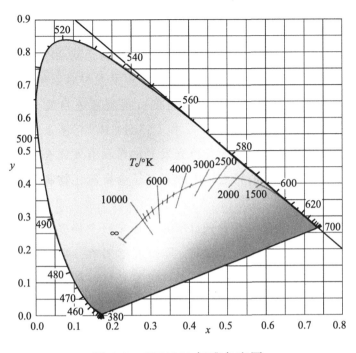

图 1-6　CIE1931 标准色度图

对夜光纤维的发射光谱和光色影响很大,上述各因素中任何一个发生改变都可能造成夜光纤维发射光谱和光色的位移。发光基质的不同也会导致夜光纤维产生不同的光谱特性,而 $SrAl_2O_4$:Eu^{2+},Dy^{3+} 发光材料是目前应用最广、发光性能最好的稀土发光材料,其发光光谱与发光材料中各元素配比、助熔剂含量、激发剂比例、煅烧温度等密切相关。目前有关稀土发光材料和夜光纤维发光光谱性能的研究较多,然而通过添加有机高分子发光材料制备稀土复合夜光纤维的研究并不多见,更未见到有机光引发材料对稀土夜光纤维光谱位移的影响研究。

1.1.5　夜光纤维用蓝色长余辉发光材料的发展现状

制备蓝色光夜光纤维的主要原料是能够发出蓝色光的稀土长余辉发

光材料，蓝色光长余辉发光材料的研究领域包括金属硫化物体系、铝酸盐体系和硅酸盐体系。1866 年，法国化学家 Theodore Sidot 制得 ZnS 型硫化物发光材料[33]，属于第一代长余辉发光材料。从 20 世纪 20 年代开始，人们开始研发蓝色光硫化物体系长余辉发光材料，例如，少量 Ag 的掺杂可产生蓝光，添加卤化物助熔剂可得到蓝色自发光材料 ZnS：Cl$^-$[34]，随后又研发出 CaS：Bi[35] 和 CaSrS：Bi[36] 体系蓝色光发光材料。但是，金属硫化物体系的蓝色光发光材料具有发光亮度低、余辉时间短、化学性质不稳定的特点，因此限制了金属硫化物制备的蓝色光夜光纤维的使用范围。

碱土激活的铝酸盐体系发光材料是近年来研究最多、发光性能最好的第二代长余辉发光材料。Palilla 等研究学者在 1986 年首次发现了 $SrAl_2O_4$：Eu^{2+} 的余辉现象[37]，但是，该发光材料具有发光颜色单一且长波段和短波段光色缺乏等缺点。随后 MAl_2O_4：Eu^{2+}（M：Ca，Sr，Ba）在 1975 年被 BJIaHK 等报道[38]。1993 年，随着日本学者对碱土铝酸盐体系 $SrAl_2O_4$：Eu^{2+} 发光材料的长余辉特性做出了详细研究以后，国外研究者对于碱土铝酸盐体系发光材料的报道层出不穷。近年来，国外学者报道了稀土激活的 $CaAl_2O_4$ 基和 $BaAl_2O_4$ 基蓝色光发光材料。2008 年，韩国研究者 H. Ryu 等采用高温固相法合成了不同激活剂含量的 $CaAl_2O_4$：Eu，Cr 蓝色光发光材料[39]，深入探讨了其激发发射光谱性能，结果显示该铝酸钙发光材料的最大发射峰位于 440nm 处。2009 年，H. Ryu 等又合成了 $CaAl_2O_4$：Eu，Dy 蓝色光发光材料[40]，通过改变激活剂 Eu^{2+} 和 Dy^{3+} 的含量，研究发光性能最优的参数比。2014 年，A. H. Wakoa 等将 Eu^{2+} 和 Nd^{3+} 共同掺杂到 $CaAl_2O_4$ 基中，采用溶胶凝胶方法合成了发射光谱位于 440nm 的蓝光发光材料，重点探讨了发光材料的发光机理，并阐明了最优余辉性能所需的助熔剂（硼酸）含量[41]。此外，20 世纪以来，大量研究者开始报道 $BaAl_2O_4$ 基蓝光材料，$BaAl_2O_4$：Eu^{2+}，Re^{3+}（Re^{3+}＝Dy^{3+}，Nd^{3+}，Gd^{3+}，Sm^{3+}，Ce^{3+}，Er^{3+}，Pr^{3+}，Tb^{3+}）发光材料相继涌现，其中 $BaAl_2O_4$：Eu^{2+}，Er^{3+} 具有最高的发光亮度，余辉时间最长的是 $BaAl_2O_4$：Eu^{2+}，Nd^{3+}，其次是 Dy^{3+} 和 Eu^{2+} 掺杂的铝酸钡发光材料。但是，$CaAl_2O_4$ 基和 $BaAl_2O_4$ 基蓝色光长余辉发光材料与稀土激活的 $SrAl_2O_4$ 基黄绿色光发光材料相比，在发光亮度和余辉时间上都稍逊一筹，因此限制了蓝色光长余辉发光材料在纺织纤维上的应用。

此外，硅酸盐体系的发光材料也属于第二代长余辉发光材料，其研究热度仅次于铝酸盐体系。早在 1940 年，McKeag 和 Ranby 在碱土硅酸盐体系中添加激活剂 Eu^{2+}。1975 年，日本齿科大学和千叶大学报道了硅酸盐体系的长余辉发光材料，其余辉时间长达 30min[42]。Yamazaki 等将激活剂 Eu^{2+} 添加到 xMgO-yCaO-zSiO$_2$ 基质中，通过调整原料中 MgO、CaO 和 SiO_2 的含量制备不同发光颜色、余辉时间和晶体结构的硅酸盐体系发光材料[43]。据文献记载，MO·M′O·SiO_2（M＝Ca，Sr，Ba；M′＝Mg，Zn，Cd）体系是目前性能最好的硅酸盐发光材料，其光谱性能和晶格结构的改变可通过 M 和 M′ 的调整来实现。2010 年，Maghsoudipour 等[44] 报道了发蓝光的硅酸盐发光材料 $SrMgSi_2O_7$：Eu，Dy 的合成方法、光谱性能，以及在不同激活剂 Eu 和 Dy 含量下材料的发光性能。硅酸盐体系同样具有化学性能稳定的特点，但是，该体系制备的蓝色光夜光纤维的余辉性能与铝酸盐体系相比较差，应用范围也不及铝酸盐体系的夜光纤维。

从表 1-2 可知，硫化物、铝酸盐和硅酸盐三大体系蓝色光长余辉发光材料的性能各不相同。其中，硫化物和硅酸盐蓝色光发光材料与稀土激活的铝酸盐发光材料相比，发光性能差，发光效率低，余辉时间短。目前，$CaAl_2O_4$ 基和 $BaAl_2O_4$ 基蓝色光长余辉发光材料的晶格结构和稀土离子的能级跃迁存在不足，导致其发光性能较差，而 $SrAl_2O_4$ 基发光材料的性能相对较好，特别是发黄绿光的 $SrAl_2O_4$：Eu^{2+}，Dy^{3+} 因发光性能（余辉时间均在 2000min 以上）及物理化学性能等优点而得到广泛应用。因此，本书未选用蓝色光长余辉发光材料直接制备夜光纤维，而是选用发光性能最好的黄绿色光长余辉发光材料（$SrAl_2O_4$：Eu^{2+}，

Dy^{3+}）为原料制备蓝色光夜光纤维，目的是丰富铝酸锶长余辉发光材料的发光光谱，探讨其光谱蓝移的影响因素，为开发多样化的稀土铝酸锶夜光纤维提供坚实的理论基础。

表 1-2　不同体系蓝色光长余辉发光材料的性能对比

项目	组成	发光颜色	发射峰/nm	发光时间/min
硫化物	$ZnS：Cl^-$	蓝色	460	约 500
	$CaS：Bi$	蓝紫色	401	约 200
	$CaSrS：Bi$	蓝色	450	约 90
铝酸盐	$CaAl_2O_4：Eu，Re$（Re 为 Cr，Dy 或 Nd）	蓝色	440	1000
	$BaAl_2O_4：Eu，Dy$	蓝绿色	496	约 120
硅酸盐	$Sr_2MgSi_2O_7：Eu，Dy$	蓝色	469	约 300

1.2　光谱蓝移材料简介

近年来，各种新型的有机高分子发光材料不断涌现，而阳离子型光引发材料可作为有机荧光材料的研究受到越来越多的关注。阳离子光引发材料是一种在紫外光固化体系中起决定性作用的感光材料，其结构中含有共轭主链，能够吸收辐射能，引发电子跃迁，也是一种具有较高荧光量子效率和光热稳定性的发光材料。常见的阳离子光引发材料的吸收波长一般在 250～300nm，对紫外光吸收能力较弱，光引发速率和效率也相对较低，应用受到一定限制。克服上述不足的方法主要是对光引发材料的结构进行改性，通过提高分子结构的共轭程度达到增加其吸收波长的目的。三芳基硫鎓六氟锑酸盐是阳离子光引发体系中光引发活性高且耐高温稳定性较好的产品，它是通过对三芳基硫鎓盐的苯环进行适当取代制得的三芳基硫鎓盐的一种衍生物，其吸收波长的范围较广，可以将太阳光中不同波长的光进行有效吸收，并转换为更高波长的光，具有很高的光引发活性和发光效率。此外，三芳基硫鎓六氟锑酸盐对于发光颜色的调节作用是极为重要的，该光引发材料相比于传统的有机染料具有更宽的吸收光谱，更高的荧光量子产率，可被不同波长的激发光激发，且不易产生光降解，因此，具有相对稳定的发光性能。

目前，稀土长余辉发光材料的应用得到了广泛研究。利用稀土发光材料制备的夜光纤维有很多优点：初始亮度高，余辉持续时间长，转化效率高；可吸收紫外和可见光并发射不同波长的光谱，特别是在可见光区有很强的发射能力；荧光寿命从纳秒到毫秒，能够跨越 6 个数量级；物理化学性能稳定，可循环使用。$SrAl_2O_4$：Eu^{2+}，Dy^{3+} 夜光纤维是一种新型的环保节能型纤维，该纤维是以成纤聚合物为基材，在纺丝过程中添加稀土铝酸锶发光材料和纳米级助剂，采用熔融纺丝工艺制备出的具有夜光效果的光致发光型纤维[45]。夜光纤维最显著的特点是在任何可见光下吸收光照 10min，便能在黑暗条件下将储存在纤维中的光能释放出来，持续发光 10h 以上，无毒无害，可循环使用，已被广泛应用于工业生产和日常生活各领域[46]。

$SrAl_2O_4$：Eu^{2+}，Dy^{3+} 夜光纤维具有余辉性能出众、耐紫外线辐射和化学性能稳定等优势，是目前为止研究最多、应用最广、发光性能最好的蓄光型发光纤维。作为一种光致发光纤维，提高其发光材料的吸收和转化能力，并使其发射出不同颜色的光成为研究夜光纤维的重点和难点。发光材料的选择决定稀土夜光纤维的发光颜色，$SrAl_2O_4$：Eu^{2+}，Dy^{3+} 夜光纤维的主要发光原料是 $SrAl_2O_4$：Eu^{2+}，Dy^{3+} 发光粉，其发射光光谱分布在 510～530nm 的黄绿色光区，发光颜色单调，应用受到限制。目前，已经报道了通过添加氧蒽衍生物制备的一种使稀土铝酸锶夜光纤维光谱红移的新型红色光夜光纤维。但是，蓝色光发光材料（主要是 $CaAl_2O_4$ 基和 $BaAl_2O_4$ 基）的晶格结构和稀土离子的能级跃迁导致其发光性能较差，达不到纤维实际应用的要求，成为蓝色光夜光纤维发展的瓶颈。

1.2.1　硫鎓盐类蓝移材料的种类和特性

三芳基硫鎓盐是目前应用最广泛、性能最好的阳离子光引发材料之一，可作为紫外光固化技术的核心材料，对紫外光的吸收波长、热稳定性、引发活性等方面都优于其他光引发材料[47]。三芳基硫鎓盐光引发材料的分子结构中硫原子与 3 个芳环相连，正电荷得到分散，降低了分子的极性，在聚合单体中有很好的溶解性。三芳基硫鎓盐光引发材料的分子结构通式如下：

$$Ar^1{-}\overset{\overset{\displaystyle Ar^3}{|}}{S^+}{-}M_tX_n^-$$
$$\underset{\displaystyle Ar^2}{|}$$

式中，Ar^1、Ar^2、Ar^3 表明存在相同或不同的芳基；$M_tX_n^-$ 为非亲核性阴离子，改变该离子可以得到不同种类的三芳基硫鎓盐衍生物，常见的四种非亲核性阴离子为 BF_4^-、PF_6^-、AsF_6^-、SbF_6^-。配对的阴离子种类只对所引发聚合物的活性产生影响，对其光吸收和光解效率没有影响。

三芳基硫鎓盐光引发材料具有遇光裂解的特性，即光解后可产生超强酸和活性的自由基。该特性一般应用于紫外光固化领域，可以与特定单体配对形成光聚合体系，引发单体产生聚合。具体的三芳基硫鎓盐衍生物的光引发公式为[48]：

$$Ar_3S^+M_tX_n^- \overset{h\nu}{\rightleftharpoons} Ar_2S^+ \cdot M_tX_n^- + Ar \cdot \qquad (1\text{-}1)$$

① 阳离子型光引发聚合反应式表示为：

$$Ar_3S^+ \cdot M_tX_n^- \xrightarrow[R-H]{} Ar_2S + H^+M_tX_n^- + R{-}Ar$$

$$M + H^+M_tX_n^- \longrightarrow H{-}M^+{-}M_tX_n^-$$

$$H—M^+—M_tX_n^- +nM \longrightarrow H—(M)_nM^+M_tX_n^- \qquad (1-2)$$

② 自由基型光引发聚合反应式表示为：

$$Ar \cdot +M \longrightarrow Ar—M \cdot$$
$$Ar—M \cdot +nM \longrightarrow M—(M)_{n-1}—M+Ar \cdot \qquad (1-3)$$

在上述两种聚合公式中，M、R—H 表示单体或预聚物，如果预聚物 M 只含有环氧键，则只发生阳离子聚合反应。在两种聚合反应中，阳离子聚合需要数分钟或更长时间，速度较慢，而自由基型聚合速度较快，仅在数十秒内就可以完成聚合。

三芳基硫鎓盐光引发材料除了具有光引发聚合特性外，还具有敏化或增感的作用。由于该光引发材料的主吸收不够充分，可以通过加入增感剂使鎓盐分子处于激发态，增强鎓盐的光引发特性。为了达到敏化和增感的目的，需要借助掺杂另一种荧光物质（又称增感剂）。其中，增感作用机理可以包括两个方面：首先，通过碰撞、电子转移或电磁场等物理作用，三芳基硫鎓盐光引发材料接受来自另一荧光分子供体的能量转移后获得更多的光能；其次，为了达到增感作用，增感剂和光引发材料之间进一步发生化学反应来实现能量转移。发生以上增感作用的前提条件是增感剂的激发三线态能量高于光引发材料，且供体的氧化-还原电位低于受体。增感剂增感三芳基硫鎓盐光引发材料的反应公式为[48]：

$$P \xrightarrow{h\nu} P^*$$
$$P^* + Ar_3S^+M_tX_n^- \longrightarrow [P\cdots ArS^+Ar_2M_tX_n^-]^*$$
$$[P\cdots ArS^+Ar_2M_tX_n^-]^* \longrightarrow P+Ar \cdot +Ar_2S^+ \cdot M_tX_n^- \qquad (1-4)$$

式中，P 代表增感剂，* 表示激发态。在三芳基硫鎓盐光引发材料的所有特性中，光引发特性的应用最多，而对其发光颜色的调节特性研究较少。从分子结构上看，三芳基硫鎓盐属于共轭高分子材料，它相对于小分子而言，在物理或化学结构上具有很好的调节性，可以实现发光颜色的多样性。因此，对其荧光颜色的调节机理大致可以分为两类：一类是通过直接改变光引发材料激发态与基态间的能隙来调节发光颜色；另一类是掺杂具有不同荧光颜色的发光材料，使两者光叠加后得到新的表观颜色。如果在三芳基硫鎓盐光引发材料中掺杂能隙窄的发光物质，可通过能量转移使得发射光谱红移；相反，如果掺杂能隙宽的发光物质，结果可使得发射光谱蓝移。

在第一大类荧光颜色的调节机理中，可以通过物理和化学两种方法改变三芳基硫鎓盐光引发材料的能级差。物理方法是通过改变三芳基硫鎓盐光引发材料分子结构的构象或聚集形态来改变其共轭体系的大小，而化学方法主要是通过引入电荷转移体系或改变共轭链的共轭程度来提高或降低基态或激发态间的能级，或者还可以通过改变三芳基硫鎓盐分子中的侧基，设计不同结构的聚合物来改变能隙的宽窄。图 1-7 是通过改变能级差来调节发光颜色。

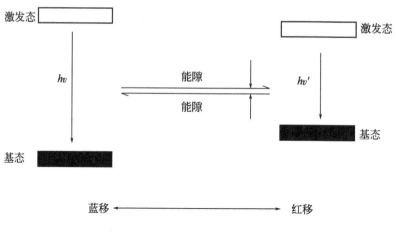

图 1-7　通过改变能级差来调节发光颜色

第二类调节三芳基硫鎓盐光引发材料荧光颜色的方法是以国际照明委员会（CIE）色度图为依据，通过掺杂不同颜色的发光材料，在 CIE 色度图上显示材料叠加后的颜色以获得更加丰富的表观颜色。CIE 色度图是 1931 年国际照明委员会建立的一套测量和界定色彩的技术标准，自然界中的所有实际颜色都可在该图中表示，它是通过红、绿、蓝三基色按照一定的比例来确定颜色[49]。值得指出的是，在 CIE 色度图上也可以推出两者或多种不同颜色混合后得到的中间色。图 1-8 是三原色的加法混色图，可以通过该混色图分析掺杂其他发光材料后物质的发光颜色。从图中可以得出结论：红＋绿＝黄，绿＋蓝＝青，蓝＋红＝洋红，相同量的红、绿、蓝色光混合后可得到白色的光。

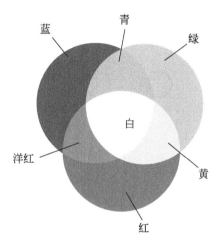

图 1-8　三原色的加法混色图

此外，随着人们环保意识的加强和对环保产品的重视，三芳基硫鎓盐光引发材料因具有合成成本低、速率快、耗能低、无污染等优点，在固化技术和纺织领域里具有广阔应用前景。

1.2.2　硫鎓盐类蓝移材料的发光机理

三芳基硫鎓六氟锑酸盐属于有机共轭高分子材料，遵循一般的有机或高分子体系的发光原理。在解释三芳基硫鎓六氟锑酸盐的发光机理之前，本节将对单重态、三重态、多重态、辐射跃迁、无辐射跃迁、能量传递和电子转移等概念进行介绍。

（1）单重态、三重态和多重态

分子激发时多重性 M 的定义为：$M=2S+1$。式中，S 为电子的总自旋量子数；M 为分子中电子的总自旋角动量在 Z 轴方向的可能值[50,51]。图 1-9 是单重态示意图，当 $S=0$，$M=1$ 条件下，Z 轴方向只有一个分量时称为单重态或单线态，即 S 态。图 1-10 是三重态示意图，当 $S=1$，$M=3$ 条件下，Z 轴方向有 3 个分量时称为三重态或多线态，即 T 态。

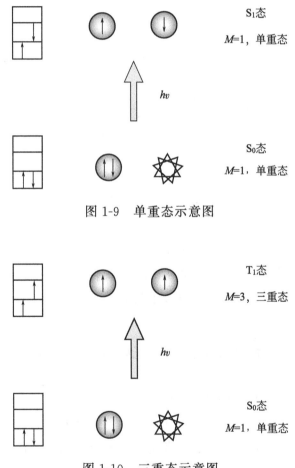

图 1-9　单重态示意图

图 1-10　三重态示意图

值得注意的是，在三重态中，T 态的能量总是低于相同激发态的 S 态能量。其中，分子激发时的单重态与三重态能级对比如图 1-11 所示。从图中可以明显看出，两个电子在不同轨道下产生自旋平行，使得空间中电子的交盖减少，平均距离变长，从而降低了电子间的相互排斥作用。

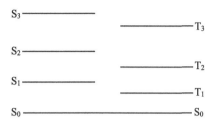

图 1-11 单重态与三重态的能级比较图

（2）辐射跃迁

分子可以发射光子，并从激发态回到基态或者从高级激发态回到低级激发态的过程称为辐射跃迁，辐射跃迁一般包含荧光和磷光[50,51]。荧光是在相同多重度状态下，分子发生辐射跃迁产生的光。通常情况下，有机分子的荧光一般包括 $S_1 \rightarrow S_0$ 跃迁，$S_2 \rightarrow S_0$ 跃迁，或者是由高级激发三重态到低级激发三重态的跃迁产生的荧光[50,51]；磷光是指多重度不同的状态下，分子发生辐射跃迁产生的光。其中，最为常见的跃迁形态为：$T_1 \rightarrow S_0$；有时也可观察到 $T_n \rightarrow S_0$ 跃迁，但非常罕见，由于荧光产生的速度很快，磷光与其相比，速度常慢得多[50,51]。

（3）无辐射跃迁

分子不能发射光子，但可从激发态回到基态或者从高级激发态回到低级激发态的过程称为无辐射跃迁，这种无辐射跃迁过程一般包含内转换和系间窜越[6,7]。内转换是在多重度不变的能态下，不同能级间发生的一种无辐射跃迁，通常情况下，电子的自旋在跃迁过程中不会改变，一般包括 $S_m \rightarrow S_n$ 跃迁或 $T_m \rightarrow T_n$ 跃迁，内转换的速度为 10^{-12} s，跃迁非常快[50,51]。系间窜越是在多重度改变的能态下发生的一种无辐射跃迁，在跃迁过程中需要一个电子的自旋反转[50,51]，例如 $S_1 \rightarrow T_1$ 或 $T_1 \rightarrow S_0$。

（4）能量传递

能量传递指一个激发态分子（给体 D^*）返回到基态分子（受体 A）产生失活，并使受体变成激发态的过程，即 $D^* + A \longrightarrow D + A^*$ [50,51]。能量传递遵循电子自旋守恒定律，具有普遍性的两种能量传递。单重态-单重态能量传递：$D^*(S_1) + A(S_0) \longrightarrow D(S_0) + A^*(S_1)$；三重态-三重态能量传递：$D^*(T_1) + A(S_0) \longrightarrow D(S_0) + A^*(T_1)$。

（5）电子转移

电子转移是指激发态的分子作为电子给体将一个电子给予基态分子的过程，或者作为电子受体从一个基态分子得到一个电子，从而产生离子自由基对的过程[50,51]。

$$D^* + A \longrightarrow D^+ \cdot + A^- \cdot \text{ 或者 } A^* + D \longrightarrow A^- \cdot + D^+ \cdot$$

通过了解以上发光原理的相关概念，可以更好理解三芳基硫鎓六氟锑酸盐的发光机理。图 1-12 是三芳基硫鎓六氟锑酸盐的雅布伦斯能级图，用来反映分子吸收光子后的能级变化及消耗能量回到基态时的物理过程，该图可以很好地用来解释三芳基硫鎓六氟锑酸盐的发光机理。图中，ABS 表示吸收光子；VR 表示振动弛豫（将分子在各个能级振动消耗的能量转变为热能的过程）；S_0 表示分子的基态；S_1，S_2，S_3 分别表示分子的第一、第二、第三激发态（三重态）；T_1，T_2 分别表示分子的第一、第二激发态（三重态）；IC（internal conversion）表示内部转换；ISC（intersystem crossing）表示系间窜越；F 表示激发态 S_1 回到基态 S_0 辐射跃迁产生的荧光；P 表示多重度改变中激发态 T_1 回到基态 S_0 辐射跃迁产生的磷光。

从图 1-12 可以看出，三芳基硫鎓六氟锑酸盐分子中的共轭结构吸收光子后，电子可以从基态（S_0）跃迁到高能级激发态（S_1，S_2，S_3，……），产生电子激发态的分子；部分激发态的分子可以通过辐射跃迁发出荧光（F）或磷光（P），或者通过无辐射跃迁中分子振动弛豫（VR）的形式失去多余能量返回到基态，本书讨论的内容仅限于荧光发射；另一部分激发态分子有可能通过系间窜越（ISC）实现单重态到三重态（T_1，T_2，……）的过渡，同时，激发态单重态或三重态的不同能级之间（高能级到低能级）也可以进行内部转换（IC）。

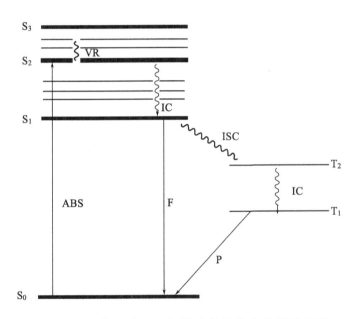

图 1-12 三芳基硫鎓六氟锑酸盐的雅布伦斯能级图

值得指出的是，在三芳基硫鎓六氟锑酸盐的发光物理过程中，处在激发态的分子由于受光激发可以产生 Ar—S 键的裂解反应生成活性自由基，接着该自由基可以从高分子或者溶剂中抓氢产生质子酸，引发高分子薄膜的交联以及单体产生聚合反应。三芳基硫鎓六氟锑酸盐的光引发方程式如下：

$$Ar_3S^+X^- \longrightarrow Ar_2S^+ \cdot + Ar \cdot + X^-$$

$$Ar_2S^+ \cdot + RH \longrightarrow Ar_2S^+ - H + R \cdot$$

$$Ar_2S^+ - H \longrightarrow Ar_2S + H^+ \tag{1-5}$$

本书讨论的掺杂 THFS 的稀土夜光纤维在实际光激发和发射应用过程中，光物理和光化学反应可能同时存在，且无法明确分离。在实际操作中并不能完全按照以上光物理和光化学机理获得理想效果，但是，深入理解这些机理的内在联系对制备掺杂 THFS 的稀土夜光纤维具有重要的理论意义。

1.2.3　硫鎓盐类蓝移材料的研究进展

近年来，三芳基硫鎓六氟锑酸盐作为性能良好的阳离子光引发材料在紫外光固化领域已经得到了飞速发展，20 世纪 70 年代末，研究人员便开发了阳离子光引发材料，在日本、美国等取得了很大成果，且主要集中在对其合成方法和应用研究等方面[52]。在我国，对阳离子光引发材料的研发和应用还处于起步阶段，产品工业化生产较少。

据文献可知，我国关于三芳基硫鎓六氟锑酸盐的研究开发主要局限在光固化胶黏剂[45]、紫外光固化涂料[53,54]、光固化油墨[55]、光固化电子封装材料[56,57] 等多个领域。三芳基硫鎓六氟锑酸盐的分子结构中含有不饱和键和单键交替着连接的共轭主链，且主链上分布着高度离域的 π 电子，属于有机高分子发光材料，具有独特的光学性能和电学性能，同时还具有发光颜色多样化、光色可调、结构上易调整等特点，在光电材料[58-63]、生物成像[64-67]、编码[68] 和传感[69-74] 等交叉学科领域均有良好的应用前景。

研究发现，现阶段已经研发的三芳基硫鎓盐光引发材料种类较少且价格相对较高，对紫外光的吸收波长一般在 300nm 以下，吸收波长范围较窄，只能在一些高附加值领域应用。随着国内外市场需求的不断扩大，研究人员开始对三芳基硫锅盐光引发材料的苯环进行适当取代,目的是增加其吸收波长。例如:Pitt[75] 研发了一种三芳基硫锅盐的盐酸盐,可引发丙烯碳酸酯产生聚合,还可以作为一种抗蚀剂应用到添加剂、涂料以及印刷等行业中;北京英力科技公司研发了一种可用于氧杂环丁烷、环氧和乙烯基醚固化的混合型三芳基硫锅六氟磷酸盐光引发材料,具有固化速度快、效果好、无毒无味等特点;刘安昌[76]、Crivello[77]、Fatmanur[78] 等采用不同方法合成了带有取代基的三芳基硫锅盐(结构式见图 1-13),吸收波长一般在 200~400nm 范围内,具有良好的热稳定性和光引发活性。

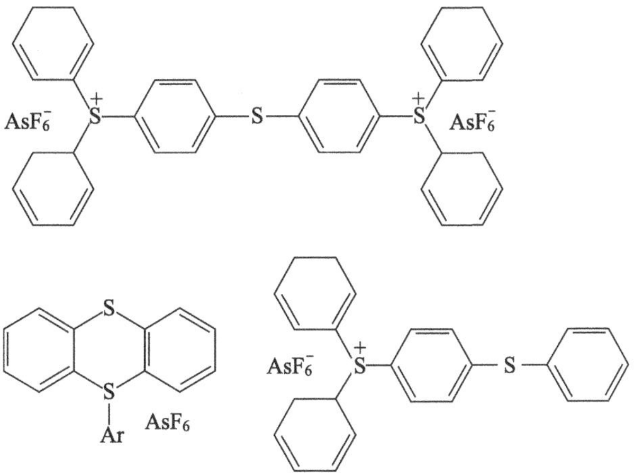

图 1-13　具有代表性的三芳基硫锅盐结构式

此外,三芳基硫锅六氟锑酸盐作为一种有机发光化合物,其分子结构中共轭双键上的 π 电子能够吸收辐射能,产生光裂解作用并引发电子跃迁。因此,三芳基硫锅六氟锑酸盐的光谱特性与硫锅盐自身的分子结构息息相关。戴光松、吴世康[79] 对三芳基硫锅盐衍生物的瞬态吸收光谱、光化学以及光物理行为进行了研究,并且分析了光裂解机理,指出硫锅盐衍生物在乙腈溶液(氩气饱和环境)中的量子产率约为 0.720%,在 266nm 激光光解下的瞬态吸收光谱为宽带谱($t=0$),最大吸收峰在

360nm左右。此外，戴光松等[79]还研究了硫鎓盐衍生物在甲醇、二氧六环溶剂以及对羟基聚苯乙烯高分子中的衰减动力学，阐明了360nm的吸收峰归属于硫鎓盐衍生物光解生成的二苯基硫正离子自由基的瞬态吸收峰，此吸收峰能够有效地从相应溶剂或高分子中抓氢，光解后的瞬态衰减规律符合准一级反应动力学。由此可见，三芳基硫鎓六氟锑酸盐的光谱行为属于瞬态发光，其在最大吸收波长下的发射光谱特性和应用亟待研究。

目前，三芳基硫鎓六氟锑酸盐主要应用在紫外光固化领域中，至今少见对荧光材料光谱调节的应用。因此，未来三芳基硫鎓六氟锑酸盐将逐渐向高引发效率、无毒性、低迁移率以及良好光谱调节作用的新型绿色光引发体系发展。对于光谱调节领域，具体可以通过改变三芳基硫鎓盐的共轭结构，或者改变发光体系中激发态和基态之间的能级差，或者通过掺杂到其他发光物质中使得能量发生转移来实现发射光谱的红移或蓝移，以便获得丰富的发光光谱，开发出品种多样的三芳基硫鎓盐衍生物，为其在发光颜色调节领域提供一定的理论和实践基础。

参考文献

[1] Xu Z Q, Gao B J, Hou X D. Twofold influence of nitro substituent on aromatic ring for photoluminescence properties of benzoic acid-functionalized polystyrene and Eu（Ⅲ）complexes[J]. Acta Physico-Chimica Sinica, 2014, 30(4)：745-752.

[2] 杨雪，闫冰，连科研. SF分子基态及低激发态势能函数与光谱常数的研究[J]. 物理学报，2013，62(16)：163103.

[3] 洪广言，庄卫东. 稀土发光材料[M]. 北京：冶金工业出版社，2016.

[4] Xing Y, Zhu Y, Chang C, et al. New synthetic method and the luminescent properties of green-emitting β-Sialon：Eu²⁺ phosphors [J]. Journal of Materials Science：

Materials in Electronics，2017：1-7.

[5] 祁康成，曹贵川. 发光原理与发光材料[M]. 成都：电子科技大学出版社，2012.

[6] 李小魁，王世民. 新型发光材料与光电子技术应用研究[M]. 郑州：黄河水利出版
社，2018.

[7] 许少鸿. 固体发光[M]. 北京：清华大学出版社，2011.

[8] Becquerel J. Absorption bands of a crystal in a mag-netic field[J]. Compt Rend，1906，
143：1133.

[9] Bethe H. Termaufspaltung in kristallen[J]. Annalen der Physik，1929，395（2）：
133-208.

[10] 芦博慧,饶曾慧,史慕杨,等. 多元光色稀土夜光纤维的制备及性能[J]. 化工进展，
2021,40（11）：6254-6261.

[11] 杨丽月，靳晓晴，杨庆斌. 夜光纤维的基本性能研究[J]. 山东纺织科技，2017,58
（3）：11-13.

[12] Zhang J S, Ge M Q. Effecting factors of the emission spectral characteristics of rare-
earth strontium aluminate for anti-counterfeiting application ［J］. Journal of
Luminescence，2011，131：1765-1769.

[13] Zhang J S, Ge M Q. Effect of polymer matrix on the spectral characteristics of
spectrum-fingerprint anti-counterfeiting fiber[J]. The Journal of the Textile Institute，
2012，103（2）：193-199.

[14] 邵世洋，丁军桥，王利祥. 高分子发光材料研究进展[J]. 高分子学报，2018（2）：
198-216.

[15] 朱亚楠. 氧蒽衍生物对稀土夜光纤维光谱红移影响研究[D]. 无锡：江南大学，2014.

[16] 薛红伟，崔彩娥，郝虎在，等. 硼酸对蓝色铝酸锶长余辉材料的物相及发光特性的影
响[J]. 功能材料与器件学报，2010（1）.

[17] Wang Z Y, Hou X F, Liu Y G, et al. Luminescence properties and energy transfer
behavior of colour-tunable white-emitting $Sr_4Al_{14}O_{25}$ phosphors with co-doping of
Eu^{2+}，Eu^{3+} and Mn^{4+}[J]. Rsc Advances，2017，7（83）：52995-53001.

[18] Bonifacio C U, Juana B M, Karla J M, et al. Inside Cover：Light sheet microscopy
and $SrAl_2O_4$ nanoparticles codoped with Eu^{2+}/Dy^{3+} ions for cancer cell tagging[J].
Journal of Biophotonics，2018,11（6）.

[19] Zhang Z J, Kim S, Park Y, et al. Annealing effects of morphology and luminescence

properties of pulsed laser-deposited $SrAl_2O_4$: Eu, Dy thin films on sapphire surfaces [J]. Thin Solid Films,2017,642(30):290-294.

[20] Nazarov M. Artificial Luminescence from the Coral Surface: Study of a $SrAl_2O_4$: Eu^{2+}, Dy^{3+}-Based Phosphor[J]. Journal of Surface Investigation: X-ray, Synchrotron and Neutron Techniques, 2021,15(5): 1102-1108.

[21] 耿杰,吴召平,陈玮,等. $SrAl_2O_4$: Eu^{2+}, Dy^{3+}发光粉体的长余辉特性研究[J]. 无机材料学报, 2003, 3(18):480-484.

[22] 张技术. 光谱指纹纤维防伪原理与特性研究[D]. 无锡:江南大学,2012.

[23] Tu H, Tang N, Hu X, et al. LED multispectral circulation solar insecticidal lamp application in rice field[J]. Transactions of the Chinese Society of Agricultural Engineering, 2016, 32(16): 193-197.

[24] Di C, Liu Y M, Li J Z, et al. Extraction of spectral difference characteristics of Stellera chamaejasme in Qilian County of Qinghai Province, Northwest China[J]. Yingyong Shengtai Xuebao, 2015, 26(8).

[25] 陈一超,胡文刚,武东生. 三波段真彩色夜视光谱匹配技术[J]. 红外与激光工程, 2015, 44(12): 3837-3842.

[26] 赵小明,滕鹏超,宗靖国. 人眼对不同颜色色差辨别能力的研究[J]. 工业技术创新, 2014, 1(3): 303.

[27] Yan Y, Ge M, Li Y, et al. Morphology and spectral characteristics of a luminous fiber containing a rare earth strontium aluminate[J]. Textile Research Journal, 2012, 82(17): 1819-1826.

[28] Guo X, Ge M, Zhao J. Photochromic properties of rare-earth strontium aluminate luminescent fiber[J]. Fibers and Polymers, 2011, 12(7): 875.

[29] Aitasalo T, Dereń P, Hölsä J, et al. Persistent luminescence phenomena in materials doped with rare earth ions[J]. Journal of Solid State Chemistry, 2003, 171(1): 114-122.

[30] Chithambo M L, Wako A H, Finch A A. Thermoluminescence of $SrAl_2O_4$: Eu^{2+}, Dy^{3+}: kinetic analysis of a composite-peak[J]. Radiation Measurements, 2017:1-13.

[31] Lia G, Wang Y, Zeng W, et al. Effects of Nd^{3+} co-doping on the long lasting phosphorescence and optically stimulated luminescence properties of green emitting $NaBaScSi_2O_7$: Eu^{2+} phosphor[J]. Materials Research Bulletin, 2016:1-6.

[32] Ge M，Guo X，Yan Y. Preparation and study on the structure and properties of rare-earth luminescent fiber[J]. Textile Research Journal，2012，82(7)：677-684.

[33] 尧志凌. 碱土金属硫化物纳米晶的制备及其性质的研究[D]. 上海：上海师范大学，2015.

[34] 张志刚，徐华蕊. ZnS：Cl荧光粉的蓝光性能[J]. 材料导报，2009，23(2)：381-383.

[35] 廉世勋，毛向辉，李承志. 掺稀土离子的CaS：Bi荧光粉的发光性质[J]. 光谱实验室，1996，13(4)：1-4.

[36] Kingsley E D，Agrawal S. Low rare earth mineral photoluminescent compositions and structures for generating long-persistent luminescence[P]. U S Patent 8,952,341. 2015：2-10.

[37] 西鹏. 高技术纤维概论[M]. 北京：中国纺织出版社，2012：118-119.

[38] 洪广言. 稀土发光材料基础与应用[M]. 北京：科学出版社，2011：194-195.

[39] 郏强强，杨力勋，季巍巍，等. Si-N共掺对$CaAl_2O_4$：Eu^{2+}和$CaAl_2O_4$：Eu^{2+}，Sm^{3+}荧光粉荧光和余辉性能的优化[J]. 中国稀土学报，2013，31(1)：44-48.

[40] 万英，何久洋，马媛媛，等. 蓝色长余辉材料$CaAl_2O_4$：Eu^{2+}，Li^+的发光性质[J]. 发光学报，2016，37(2)：181-186.

[41] Zhao C L，Chen D H. Synthesis of $CaAl_2O_4$：Eu，Nd long persistent phosphor by combustion processes and its optical properties[J]. Materials Letters，2007，61(17)：3673-3675.

[42] 李小魁，王世民. 新型发光材料与光电子技术应用研究[M]. 郑州：黄河水利出版社，2018.

[43] Lanagan M T，Cai L，Lamberson L A，et al. Dielectric polarizability of alkali and alkaline-earth modified silicate glasses at microwave frequency[J]. Applied Physics Letters，2020，116(22)：1-5.

[44] Maghsoudipour A，Sarrafi M H，Moztarzadeh F，et al. Influence of boric acid on properties of $Sr_2MgSi_2O_7$：Eu^{2+}，Dy^{3+} phosphors[J]. Pigment and Resin Technology，2010，39(1)：32-35.

[45] 芦博慧，魏新，朱亚楠，等. 稀土夜光纤维光色的研究与进展[J]. 化工新型材料，2021，49(12)：210-214.

[46] 吴春芳，许标. 夜光纤维纺织物的研究现状及应用探讨[J]. 科技创新导报，2018，15(33)：60,62.

［47］ Zhou J，Zhang Q Y，Zhang H P，et al. The development of onium salt cationic photoinitiators[J]. Cailiao Daobao，2011，25(1):16-21.

［48］ Zhao Y，Yu C J，Liang W J，et al. Photochemical（Hetero-）Arylation of Aryl Sulfonium Salts[J]. Organic letters，2021，23(16):6232-6236.

［49］ 阮耀华，祖恩东，虞澜. CIE1931 标准色度系统下红色系列尖晶石的色调划分[J]. 桂林理工大学学报，2017，37(4)：614-618.

［50］ 樊美公，姚建年，佟振合. 分子光化学与光功能材料科学[M]. 北京：科学出版社，2009：6-7.

［51］ 徐叙瑢，苏勉曾. 发光学与发光材料[M]. 北京：化学工业出版社，2004：33-35.

［52］ Wu G L，Jiang Y，Ye L，et al. A novel UV- crosslinked pressure- sensitive adhesive based on photoinitiator-grafted SBS[J]. International Journal Adhesion and adhesives，2010，30 (1):43-46.

［53］ Alcón N，Tolosa A，Rodriguez M T，et al. Development of photoluminescent powder coatings by UV curing process[J]. Progress in Organic Coatings，2010，67 (2)：92-94.

［54］ Roose P，Fallais I，Vandermiers C，et al. Radiation curing technology：An attractive technology for metal coating[J]. Progress in Organic Coatings，2009，64 (2 /3)：163-170.

［55］ Hoeck E V，Schaetzen T D，Pacquet C，et al. Analysis of benzophenone and 4-methylbenzophenone in breakfast cereals using ultrasonic extraction in combination with gas chromatography-tandem mass spectrometry（GC-MSn）[J]. Analytica Chimica Acta，2010，663 (1)：55-59.

［56］ Prager L，Marsik P，Wennrich L，et al. Effect of pressure on efficiency of UV curing of CVD-derived low-k material at different wavelengths[J]. Microelectronic Engineering，2008，85 (10)：2094-2097.

［57］ 王德海，江棍. 紫外固化材料[M]. 北京：科学出版社，2001.

［58］ Hou J，Park M H，Zhang S，et al. Bandgap and Molecular Energy Level Control of Conjugated Polymer Photovoltaic Materials Based on Benzo［1, 2-b：4, 5-b′］dithiophene[J]. Macromolecules，2008，41：6012- 6018.

［59］ Li Y，Zou Y. Conjugated Polymer Photovoltaic Materials with Broad Absorption Band and High Charge Carrier Mobility[J]. Advanced Materials，2008，20：2952-2958.

[60] Günes S，Neugebauer H，Sariciftci N S. Conjugated Polymer-Based Organic Solar Cells[J]. Chemical Reviews，2007，107：1324-1338.

[61] Wu H B，Ying L，Yang W，et al. Progress and perspective of polymer white light-emitting devices and materials[J]. Chemical Society Reviews，2009，38：3391-3400.

[62] Pei Q，Yu G，Zhang C，et al. Polymer light-emitting electrochemical cells[J]. Science，1995，269：1086-1088.

[63] Xu J，Antonietti M，Shalom M. Moving graphitic carbon nitride from electrocatalysis and photocatalysis to a potential electrode material for photoelectric devices [J]. Chemistry Asian Journal，2016，11(18)：2499-2512.

[64] Zhu C，Liu L，Yang Q，et al. Water-Soluble Conjugated Polymers for Imaging，Diagnosis，and Therapy[J]. Chemical Reviews，2012，112(8)：4687-4735.

[65] Pu K Y，Liu B. Fluorescent conjugated polyelectrolytes for bioimaging[J]. Advanced Functional Materials，2011，21：3408-3423.

[66] Li K，Liu B. Polymer encapsulated conjugated polymer nanoparticles for fluorescence bioimaging[J]. Journal of Materials Chemistry，2012，22：1257-1264.

[67] Wu C，Bull B，Szymanski C，Christensen K，McNeill J. Multicolor conjugated polymer dots for biological fluorescence imaging[J]. ACS Nano，2008，2：2415-2423.

[68] Feng X，Yang G，Liu L，et al. A Convenient Preparation of Multi-Spectral Microparticles by Bacteria-Mediated Assemblies of Conjugated Polymer Nanoparticles for Cell Imaging and Barcoding[J]. Advanced Materials，2012，24：637-641.

[69] Chen L，McBranch D，Wang R，et al. Surfactant-induced modification of quenching of conjugated polymer fluorescence by electron acceptors：applications for chemical sensin [J]. Chemical Physics Letters，2000，330：27-33.

[70] 吴伟,许海波,程丝,等.共轭高分子荧光化学传感分子的设计原理与分子组装概念 [J]. 高分子通报，2012，9：1-13.

[71] Thomas S W，Joly G D，Swager T M. Chemical sensors based on amplifying fluorescent conjugated polymers[J]. Chemical Reviews，2007，107：1339-1386.

[72] He F，Tang Y，Wang S，et al. Fluorescent amplifying recognition for DNA G-quadruplex folding with a cationic conjugated polymer：a platform for homogeneous potassium detection ［J］. Journal American Chemical Society，2005，127：12343-12346.

[73] Kumaraswamy S, Bergstedt T, Shi X, et al. Fluorescent-conjugated polymer superquenching facilitates highly sensitive detection of proteases[J]. Proceedings of the National Academy of Sciences of the United Stateds of America, 2004, 101: 7511-7515.

[74] McQuade D T, Hegedus A H, Swager T M. Signal Amplification of a "Turn-On" Sensor: Harvesting the Light Captured by a Conjugated Polymer[J]. Journal of the American Chemical Society, 2000, 122: 12389-12390.

[75] Pitt H M. The discovery and development of onium salt cationic photoinitiators[P]. U. S., 1976-2807648.

[76] 刘安昌, 莫健华, 黄树槐, 等. 新型阳离子光固化剂双[(4-二苯硫镓)苯]硫醚-双-六氟磷酸盐的合成[J]. 感光科学与光化学, 2004, 20(3): 177-184.

[77] 张玉军, 尹衍升. Eu^{2+}, Dy^{3+} 共激活铝酸锶发光材料长余辉发光机理探讨[J]. 人工晶体学报, 2004, 2(33): 67-70.

[78] 赵淑金, 林元华, 张中太, 等. Eu^{2+} 离子在 $Sr_2Al_6O_{11}$ 基磷光体中发光行为的研究[J]. 无机材料学报, 2003, 1(18): 225-228.

[79] 戴光松, 吴世康. 用吸收光谱法测定镓盐光解生成酸的量子产率[J]. 影像科学与光化学, 1995, 13(4): 358-361.

第 2 章

夜光纤维的制备及表征

研究发现，在纺丝过程中添加不同颜色的无机颜料可在一定程度上改变夜光纤维的发光光谱，进而影响夜光纤维的光色，使其光谱产生位移[1,2]。但是，无机颜料的添加在一定程度上也会影响夜光纤维的发光亮度，因此，亟须寻求一种材料能够在不影响夜光纤维发光亮度条件下改变夜光纤维的发光光谱。

　　随着材料科学技术的发展，光引发技术已经成功应用到涂层、印刷、光固化涂料和油墨、电子封装材料等方面。近年来，光引发材料逐渐向纺织材料发展，特别是作为一种光固化黏合材料应用在疏水棉织物的开发方面最为突出[3-5]。但是，已经产业化的三芳基硫鎓盐光引发材料对光的吸收波长较短，达不到实际应用要求，因此，本章对三芳基硫鎓盐的苯环进行取代制备出一种三芳基硫鎓六氟锑酸盐，制备的产物除了对紫外光具有很好的吸收外，还可以有效地对可见光的波长进行转化，可作为掺杂剂与 $SrAl_2O_4：Eu^{2+}$，Dy^{3+} 发光材料进行有效结合，在制备夜光纤维中发挥各组分的协同作用，有望改善夜光纤维的光色性能，从而进一步提升夜光纤维产品开发的多样化。

　　三芳基硫鎓六氟锑酸盐（THFS）是目前在自然界中应用最广泛的阳离子光引发材料和有机高分子发光材料之一，无毒无味，具有优异的光转换和光引发性能，能够将一种波长的光转变成另一种波长的光[6]。目前尚未见三芳基硫鎓六氟锑酸盐在稀土夜光纤维方面的应用报道，探讨三芳基硫鎓六氟锑酸盐在夜光纤维中的存在状态是分析蓝色光夜光纤维光谱特性的前提和基础。三芳基硫鎓六氟锑酸盐在制备蓝色光夜光纤维时必须满足以下三个条件：①粒径必须控制在 $10\mu m$ 以下，以保证纺丝顺利进行；②具备一定的耐外界条件的稳定性，例如，能够承受摩擦、酸碱、温度和湿度等条件的变化；③本书选用聚丙烯树脂（PP）作为纺丝基材进行熔融纺丝，其纺丝温度要求必须高于聚丙烯基材的熔点（PP熔点在 $164\sim170℃$），因此，纺丝过程中掺杂的光引发材料的耐热学稳定性至少应该达到 $164℃$，才能保证纺丝的顺利进行，起到对夜光纤维光谱特性的影响。

夜光纤维通常采用高聚物涤纶、锦纶或者丙纶作为纺丝基材制备而成，对于涤纶和锦纶，一般比熔点高 20～60℃ 即可顺利纺丝。在纺丝过程中如果温度太低容易造成熔体破裂，温度太高，聚丙烯基材分子量太低，低黏度环境下纺丝又不能顺利进行，因此，经前人的研究可知选择 250℃ 左右的纺丝温度，可以使聚丙烯高聚物的熔体黏度达到纺丝适合的范围[7]。

掺杂 THFS 稀土夜光纤维的主体发光部分是由三芳基硫鎓六氟锑酸盐和稀土 $SrAl_2O_4$：Eu^{2+}，Dy^{3+} 发光材料共同组成，稀土发光材料在纤维基材中的存在状态包括晶体和分散两种状态，而三芳基硫鎓六氟锑酸盐属于有机物，吸热熔融峰温度为 166℃，热失重温度为 413℃，因此，可以推断该光引发材料在丙纶基材夜光纤维的纺丝温度下属于晶体结构。三芳基硫鎓六氟锑酸盐作为制备蓝色光夜光纤维的添加材料之一，在经过熔融纺丝复杂的工艺过程后形成的晶体结构的质量不仅关系到掺杂 THFS 稀土夜光纤维发光呈色的均匀性，还可能影响到夜光纤维的物理特性。纤维的物理性能是纺织材料重要的基础特性，而断裂拉伸强度是评价纤维牢度的基本指标，摩擦系数是衡量纤维摩擦性能的主要指标[8]，纤维的可纺性能与高聚物和掺杂物的热学性能密切相关，余辉亮度、发光光谱和发光色谱测试可以用来衡量纤维的发光性能。

本章结合阳离子光引发材料——三芳基硫鎓盐的合成方法[9-12]，用非亲核性阴离子 SbF_6^- 对其苯环进行适当取代，采用氧化、取代和置换的方法制备了适用于纺丝的三芳基硫鎓六氟锑酸盐。选取实验室自制的 $SrAl_2O_4$：Eu^{2+}，Dy^{3+} 稀土发光材料和三芳基硫鎓六氟锑酸盐为原材料，将其添加到聚丙烯纺丝基材中制备蓝色光夜光纤维样品，借助扫描电镜、傅里叶红外光谱仪、荧光分光光度计、光谱分析仪、纤维电子强力仪、纤维摩擦系数测定仪、热重分析仪等设备研究纤维的外观形态、内部结构、余辉特性、光谱特性、强伸性能、摩擦系数和热学性能，通过与普通丙纶纤维、未掺杂 THFS 的稀土夜光纤维进行对比，研究三芳基硫鎓六氟锑酸盐的掺杂对蓝色光夜光纤维内部结构和物理性能的影响，为分析夜光纤维的光谱蓝移规律提供理论依据和实验基础。

2.1 光谱蓝移材料的制备与性能表征

2.1.1 硫鎓盐类蓝移材料的制备

采用氧化、取代以及置换的方法制备三芳基硫鎓六氟锑酸盐光引发材料。具体的合成工艺路线如图 2-1 所示，反应流程如图 2-2 所示。

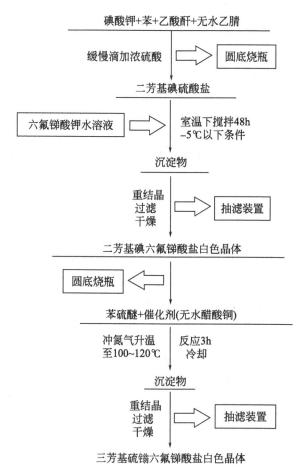

图 2-1　三芳基硫鎓六氟锑酸盐的合成工艺路线图

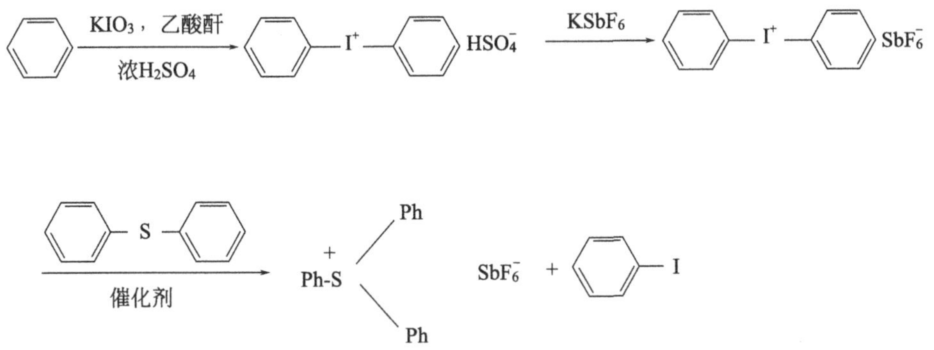

图 2-2 制备三芳基硫鎓六氟锑酸盐的反应流程图

首先，将 12.5g 碘酸钾（0.058mol）、18.3mL 苯（0.205mol）、25mL 乙酸酐和适量溶剂（无水乙腈）加入到 150mL 的圆底烧瓶中，在冰盐浴条件下缓慢滴加 12.5mL 浓硫酸后继续反应 2h，在室温下搅拌反应 48h，当反应再次降到 -5℃ 以下时，缓慢加入 10.1g（0.058mol）的六氟锑酸钾水溶液，然后将生成的沉淀物经过抽滤、洗涤和重结晶得到 14.25g 二芳基碘六氟锑酸盐白色晶体。最后，在 100mL 的圆底烧瓶中依次加入上述产物——二芳基碘六氟锑酸盐白色晶体、苯硫醚和适量催化剂（无水醋酸铜），通过冲入氮气将温度升至 100~120℃，继续反应 3h 后将反应液倒入烧杯自然冷却得到沉淀物，然后将其抽滤、洗涤和重结晶，最后在烘箱中干燥，得到 3.76g 三芳基硫鎓六氟锑酸盐白色晶体。

2.1.2 硫鎓盐类蓝移材料的性能分析

（1）微观形貌分析

采用荷兰 Fei 公司的扫描电子显微镜（型号：Quanta 200）观察三芳基硫鎓六氟锑酸盐的表面形态。测试条件：样品在测试前经过干燥和喷金处理，测试电压为 20kV。图 2-3 是经过研磨筛选后得到的三芳基硫鎓六氟锑酸盐的扫描电镜（SEM）图，从图中可以看出，该光引发材料表面颜色为白色，颗粒呈现不规则状，有尖锐的棱角，粒径分布在 1～8μm 范围内，满足制备稀土夜光纤维的纺丝需求[13]。因此，三芳基硫鎓六氟锑酸盐能够作为掺杂物制备稀土夜光纤维。

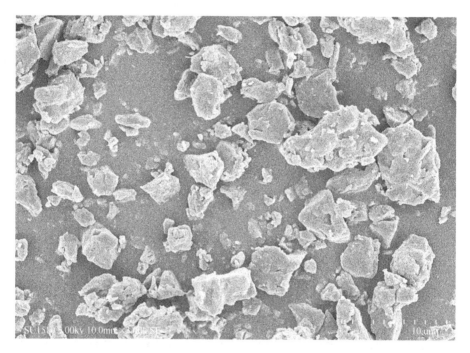

图 2-3　三芳基硫鎓六氟锑酸盐的 SEM 照片

（2）红外光谱分析

为了获得三芳基硫鎓六氟锑酸盐的分子构象，采用红外光谱对其分子进行分析和鉴定。采用 PerkinElmer 公司的傅里叶红外光谱仪对三芳基硫鎓六氟锑酸盐进行红外吸收光谱测试。测试条件：样品在 4000～400cm^{-1} 波数范围内，以分辨率 4cm^{-1} 进行扫描。图 2-4 是三芳基硫鎓六氟锑酸盐的红外光谱图，从图中可以看出，3100.0cm^{-1} 处的吸收峰归属于苯环上 C—H 键的伸缩振动,同时在 1640.1cm⁻¹、1476.5cm⁻¹、1441.0cm⁻¹ 处观察到的吸收峰为苯环上 C═C 的骨架振动峰,可以初步鉴定所合成的最终产物中含有苯环,而位于 831.5cm⁻¹、760.8cm⁻¹、677.9cm⁻¹ 处的吸收峰属于苯环上的取代振动峰,红外光谱的分析结果与目标产物的化学结构式相吻合。

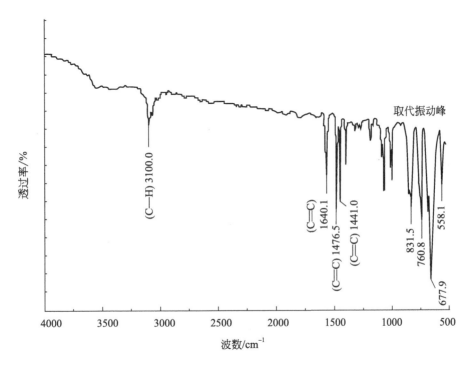

图 2-4   三芳基硫鎓六氟锑酸盐的红外光谱图

(3) 核磁共振氢谱分析

为了准确证明所合成的产物是目标化合物,对其进行核磁共振氢谱测试(如图 2-5 所示)。采用德国 Bruker 公司 500MHz 的核磁共振波谱仪,将合成的三芳基硫鎓六氟锑酸盐溶于氘代氯仿(CDCl₃)后进行氢谱分析,得出核磁共振波谱(¹H NMR)。由图 2-5 可以看出,三芳基硫锍六氟锑酸盐具有三种不同环境的氢原子，分别位于临位、间位和对位（在图中用字母 a 表示），该化合物在 6.98～7.97（m，1H）范围内有信号，表明有芳香族质子（H-Ar）存在，此外，在 1.5～1.6 范围内存在一个尖锐的水峰。通过三芳基硫锍六氟锑酸盐的核磁共振氢谱图可以初步确定该化合物的分子结构。

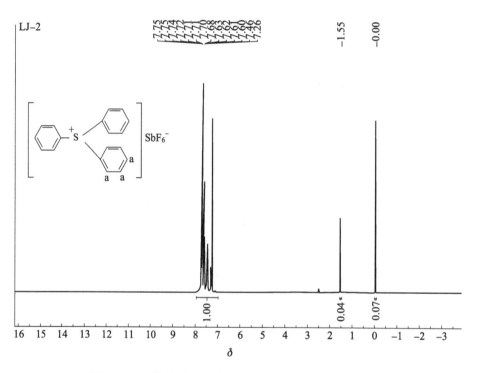

图 2-5　三芳基硫锍六氟锑酸盐在 CDCl₃ 溶剂中的
核磁共振氢谱图（¹H NMR）

（4）高分辨率质谱分析

为了进一步证明所合成产物的准确性，可比较合成的目标产物分子量是否与理论值一致，因此，可继续对其进行质谱测试。图 2-6 是三芳基硫锍六氟锑酸盐的质谱图，从图 2-6 中可以看出，被检测化合物的三芳基阳离子部分［图 2-6（a）］的分子量为 278.0672，与理论值 266 相差不大；而 SbF_6^- 阴离子部分［图 2-6（b）］的分子量为 234.8944，与理论值 235.738 基本相符。所以，综上所述，可以证明所制备的化合物为实验设计的目标产物。

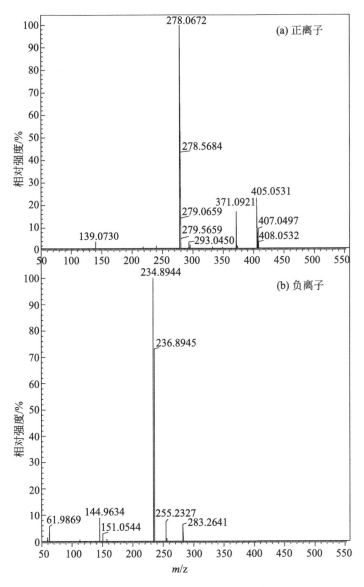

图 2-6　三芳基硫鎓六氟锑酸盐的质谱图

(5) 热学性能分析

采用 Perkin-Elmer 公司型号为 DSC-7 的差示扫描量热分析仪对合成的三芳基硫鎓六氟锑酸盐进行热稳定测试（DSC）。测试条件：在氮气环境下温度从 0℃上升到 300℃，升温速率 20℃/min，取样量为 8mg 左右。采用 Mettler Toledo 公司型号为 TGA/SDTA851e 的热重分析仪对合成的三芳基硫鎓六氟锑酸盐进行热分解测试。测试条件：温度从 100℃上升到 600℃，升温速率 10℃/min，气流为高纯氮。

三芳基硫鎓六氟锑酸盐的热性能分析曲线如图 2-7 所示，由图 2-7（a）可以看出，三芳基硫鎓六氟锑酸盐的吸热熔融峰位于 166℃附近，根据文献得知熔融纺丝工艺中的纺丝温度一般要略高于聚合物基材的温度，夜光纤维的制备通常以涤纶、锦纶或丙纶树脂为纺丝基材[14,15]，而丙纶树脂的熔点在 164～170℃范围内，三芳基硫鎓六氟锑酸盐的吸热熔融峰略高于丙纶基材，且明显低于涤纶和锦纶纤维的熔点，因此，在不影响各熔融混合体性能前提之下，可初步将丙纶树脂作为纺丝基材，三芳基硫鎓六氟锑酸盐作为纺丝体的掺杂物。另外，从图 2-7（b）热失重曲线图可以看出，三芳基硫鎓盐的热稳定性相当好，主失重温度为 413℃，加热至 275℃才开始分解，符合丙纶基材的纺丝温度要求，进一步说明三芳基硫鎓六氟锑酸盐可作为掺杂物添加到丙纶基材的纺丝原料中。

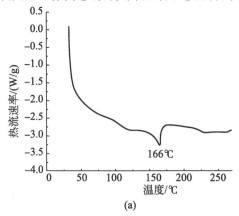

(a)

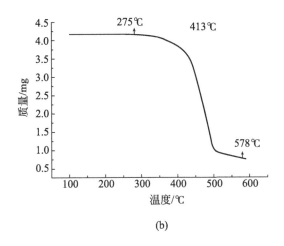

(b)

图 2-7　三芳基硫鎓六氟锑酸盐的热性能分析曲线
（a）差示扫描量热图；（b）热失重曲线图

2.2　硫鎓盐掺杂夜光纤维的制备

　　掺杂 THFS 夜光纤维的制备包括 $SrAl_2O_4$：Eu^{2+}，Dy^{3+} 夜光粉、三芳基硫鎓六氟锑酸盐以及夜光纤维 3 个方面。其中，三芳基硫鎓六氟锑酸盐的制备已经在前一节详细介绍，$SrAl_2O_4$：Eu^{2+}，Dy^{3+} 夜光粉的制备采用微波煅烧法，制备工艺参数借鉴相关研究，如原料配比、煅烧温度和微波时间等参数，同时，结合微波煅烧的特性要求，对工艺参数做了适度调整。掺杂 THFS 夜光纤维的制备方法同样参考相关研究，采用熔融共混的方法制备。但是，由于纺丝时添加三芳基硫鎓六氟锑酸盐与 $SrAl_2O_4$：Eu^{2+}，Dy^{3+} 夜光粉和聚丙烯基材直接共混，夜光颗粒容易发生团聚现象堵塞双螺杆挤出机，造成进料不顺，进而影响夜光纤维成丝的均匀性。因此，将稀土铝酸锶夜光粉在共混前先经过偶联剂的预处理，目的是改善夜光粉在纤维基质中的分散性，充分发挥其优良的荧光性能。

本章以 KH550 硅烷偶联剂（3-氨基丙基三乙氧基硅烷）作为 $SrAl_2O_4$：Eu^{2+}，Dy^{3+} 夜光粉的表面改性剂。硅烷偶联剂 KH550 是一类具有特殊结构的低分子有机硅化合物，其通式为 $RSiX_3$，R 代表与聚合物分子有亲和力或反应能力的活性官能团，X 代表能够水解的烷氧基。由于 $SrAl_2O_4$：Eu^{2+}，Dy^{3+} 夜光粉表面极易吸附一层水膜，因此，在对夜光粉进行表面改性时，硅烷偶联剂 KH550 中 X 基水形成硅醇，然后与夜光粉体颗粒表面的亲水基团羟基反应，形成氢键并缩合成 SiO—M 共价键（M 表示夜光粉颗粒表面）。同时，硅烷各分子的硅醇又相互缔合聚集形成网状结构的薄膜覆盖在夜光颗粒的表面，使 $SrAl_2O_4$：Eu^{2+}，Dy^{3+} 粉体表面有机化。

掺杂 THFS 夜光纤维的制备工艺路线大致包括三个步骤，具体工艺如图 2-8 所示，首先是采用微波煅烧法制备 $SrAl_2O_4$：Eu^{2+}，Dy^{3+} 夜光粉，将原料 $SrCO_3$、Al_2O_3、Eu_2O_3、Dy_2O_3 和 H_3BO_3 按一定比例在研钵中混合均匀，加入适量无水乙醇研磨 30min，使其混合更加均匀，在 80℃条件下烘干后放入氧化铝方舟，再置入微波煅烧炉中以碳粉为还原剂充分煅烧 2h，自然冷却后取出样品，所得煅烧后的成品经再次研磨后待用，筛选制得稀土铝酸锶夜光粉；然后采用 KH550 改性夜光粉，将一定量的稀土铝酸锶夜光粉加入到无水乙醇中（稀土铝酸锶夜光粉与无水乙醇的质量比为 1∶10），超声分散 30min 后，加入适量的 KH550 硅烷偶联剂，在 60℃的恒温水浴中搅拌 4h，并逐滴滴加 2mol/L 的乙酸调节 pH 约为 3，最后用无水乙醇抽滤洗涤 3 次，在 90℃烘箱干燥 24h 得到备用样品；最后是纤维的熔融纺丝工艺，将聚合物 PP 切片干燥后，与前期制备的改性后的 $SrAl_2O_4$：Eu^{2+}，Dy^{3+} 夜光粉，以及制备的三芳基硫鎓六氟锑酸盐按照一定比例在熔融纺丝机中混合，在 220～250℃左右的熔融温度下经双螺杆挤出机的挤压，最后牵伸、卷绕出夜光纤维样品。$SrAl_2O_4$：Eu^{2+}，Dy^{3+} 夜光粉的微波法制备方案如表 2-1 所示，夜光纤维样品的制备方案如表 2-2 所示。

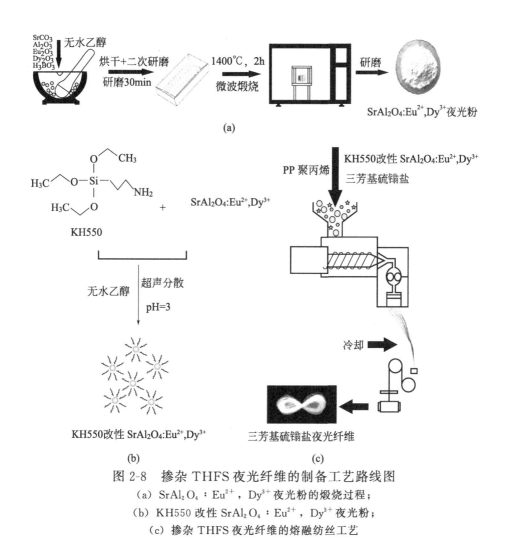

(a)

(b)   (c)

图 2-8　掺杂 THFS 夜光纤维的制备工艺路线图

（a）$SrAl_2O_4$：Eu^{2+}，Dy^{3+} 夜光粉的煅烧过程；

（b）KH550 改性 $SrAl_2O_4$：Eu^{2+}，Dy^{3+} 夜光粉；

（c）掺杂 THFS 夜光纤维的熔融纺丝工艺

表 2-1　$SrAl_2O_4$：Eu^{2+}，Dy^{3+} 夜光粉的微波法制备方案

原料	原料配比	微波温度/℃	微波功率/W	微波时间/h	降温方式
$SrCO_3$ Al_2O_3 Eu_2O_3 Dy_2O_3 H_3BO_3	Sr：Al：Eu：Dy＝ 1：2：0.025：0.025， H_3BO_3 的加入量为混合物总量的 5％（摩尔分数）	1400	900	2	自然冷却

表 2-2　掺杂三芳基硫鎓六氟锑酸盐夜光纤维的制备方案

样品序号	原料配方	纺丝温度/℃	拉伸倍数	样品缩写
1#	PP 切片：未改性 $SrAl_2O_4$：Eu^{2+}，Dy^{3+}：三芳基硫鎓六氟锑酸盐＝95%：5%：0%	220～250	2.9	PP-SAOED$_1$
2#	PP 切片：KH550 改性 $SrAl_2O_4$：Eu^{2+}，Dy^{3+}：三芳基硫鎓六氟锑酸盐＝95%：5%：0%	220～250	2.9	PP-SAOED$_2$
3#	PP 切片：KH550 改性 $SrAl_2O_4$：Eu^{2+}，Dy^{3+}：三芳基硫鎓六氟锑酸盐＝94.7%：5%：0.3%	220～250	2.9	A-PP-SAOED
4#	PP 切片：KH550 改性 $SrAl_2O_4$：Eu^{2+}，Dy^{3+}：三芳基硫鎓六氟锑酸盐＝94.6%：5%：0.4%	220～250	2.9	B-PP-SAOED
5#	PP 切片：KH550 改性 $SrAl_2O_4$：Eu^{2+}，Dy^{3+}：三芳基硫鎓六氟锑酸盐＝94.5%：5%：0.5%	220～250	2.9	C-PP-SAOED
6#	PP 切片：KH550 改性 $SrAl_2O_4$：Eu^{2+}，Dy^{3+}：三芳基硫鎓六氟锑酸盐＝94.4%：5%：0.6%	220～250	2.9	D-PP-SAOED
7#	PP 切片：KH550 改性 $SrAl_2O_4$：Eu^{2+}，Dy^{3+}：三芳基硫鎓六氟锑酸盐＝94.3%：5%：0.7%	220～250	2.9	E-PP-SAOED
8#	PP 切片：KH550 改性 $SrAl_2O_4$：Eu^{2+}，Dy^{3+}：三芳基硫鎓六氟锑酸盐＝100%：0%：0%	220～250	2.9	PP

2.3 硫鎓盐掺杂夜光纤维的性能分析

2.3.1 微观形貌分析

采用荷兰 Fei 公司 Quanta200 扫描电子显微镜观察样品的微观形貌，观察稀土发光材料和三芳基硫鎓六氟锑酸盐在有机基体中的分散情况。测试条件：所有样品在测试前经过干燥、喷金处理，电压 20kV。对 $SrAl_2O_4：Eu^{2+}$，Dy^{3+} 发光材料改性前后的夜光粉进行电镜扫描，得到改性前后发光材料的 SEM 照片，如图 2-9 所示，图 2-9（a）和（c）为 KH550 改性前 $SrAl_2O_4：Eu^{2+}$，Dy^{3+} 发光材料的整体和局部放大照片，图 2-9（b）和（d）为 KH550 改性后发光材料的整体和局部放大照片。

从图 2-9 可以看出，微波煅烧后的 $SrAl_2O_4：Eu^{2+}$，Dy^{3+} 夜光粉表面形貌［图 2-9（a）和（c）］与高温煅烧法制备的夜光粉相似，粒径在 $1\sim8\mu m$，呈不规则的块状固体且容易产生团聚现象，而经过 KH550 改性后的 $SrAl_2O_4：Eu^{2+}$，Dy^{3+} 夜光粉［图 2-9（b）和（d）］分散性较好，未出现团聚现象，粒径变小，颗粒表面变得光滑而圆润。

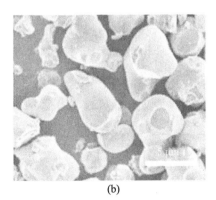

(a)　　　　　　　　　　　(b)

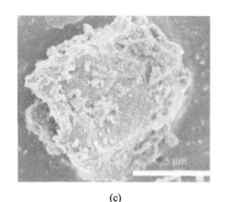
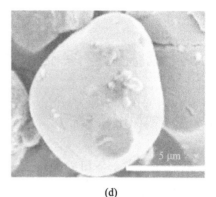

(c)   (d)

图 2-9　样品的形貌分析

（a）改性前 $SrAl_2O_4$：Eu^{2+}，Dy^{3+} 夜光粉；（b）改性后 $SrAl_2O_4$：Eu^{2+}，Dy^{3+}
夜光粉；（c）改性前稀土铝酸锶夜光粉单颗粒放大图；（d）改性后稀土铝酸锶
夜光粉单颗粒放大图

　　选取表 2-2 中的样品 1$^{\#}$ 和 2$^{\#}$，对其进行电镜扫描，得到改性前后夜
光纤维的 SEM 照片，如图 2-10 所示，图 2-10（a）和（b）为掺杂未改
性发光材料的稀土夜光纤维的表面图和纤维中局部 $SrAl_2O_4$：Eu^{2+}，
Dy^{3+} 夜光粉团聚图，图 2-10（c）和（d）为掺杂 KH550 改性后发光材
料的夜光纤维表面和截面图。

　　从图 2-10（a）和（b）可以看出，掺杂未改性发光材料的 THFS 夜
光纤维的表面有明显的块状团聚现象，可以认为是未改性的稀土铝酸锶
发光颗粒或者三芳基硫鎓六氟锑酸盐光引发材料团聚所造成，而样品
3——改性后发光材料的 THFS 夜光纤维的表面较粗糙，分布着一些无
规则颗粒状物质，散落分布且无团聚现象，推断为纺丝过程黏附在纤维
表面的 $SrAl_2O_4$：Eu^{2+}，Dy^{3+} 发光粉，而不是掺杂的 THFS 光引发材
料，原因是三芳基硫鎓六氟锑酸盐的吸热熔融峰是 166℃，在纺丝温度
为 220～250℃ 环境下呈现熔融状态。此外，从掺杂改性后发光材料的
THFS 夜光纤维截面图可以看出该纤维粒径在 20μm 左右，粗细均匀且
成丝性良好，截面无裂纹，但有少量孔隙，表明改性后的夜光粉在纤维
纺丝过程中无团聚现象，分散比较均匀。

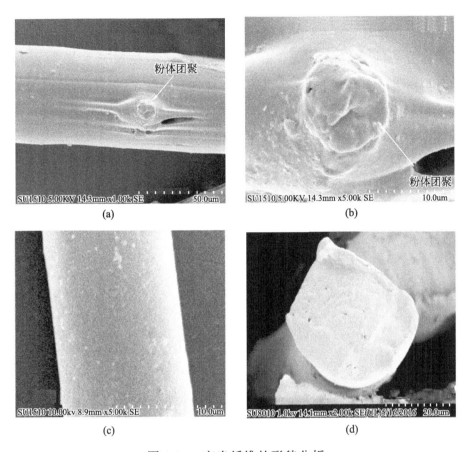

(a)   (b)

(c)   (d)

图 2-10　夜光纤维的形貌分析

（a）掺杂未改性发光材料的 THFS 夜光纤维表面图；（b）掺杂未改性发光材料的 THFS 夜光纤维表面粉体团聚图；（c）掺杂改性后发光材料的 THFS 夜光纤维表面图；（d）掺杂改性后发光材料的 THFS 稀土夜光纤维截面图

2.3.2　KH550 改性夜光粉的透射电镜分析

验证 KH550 改性 $SrAl_2O_4$：Eu^{2+}，Dy^{3+} 夜光粉的效果，对其进行透射电镜测试。采用德国卡尔蔡司公司的 SUPRA 55/55VP 型透射电子显微镜对样品进行测试，观察 KH550 包覆 $SrAl_2O_4$：Eu^{2+}，Dy^{3+} 夜光粉的情况。测试条件：夜光粉采用无水乙醇作为分散剂，超声分散15min 后在铜网上筛选出夜光粉，待自然挥发后静置干燥，测试电压为5kV。图 2-11 是 $SrAl_2O_4$：Eu^{2+}，Dy^{3+} 夜光粉包覆后的透射电镜（TEM）图，从图中可以看出，稀土铝酸锶夜光粉在经过硅烷偶联剂包覆后边界多了一层白色薄膜，厚度大约为 7nm，该薄膜透明度良好，整体分布较均匀且连续性较好，但是，有些边缘也存在不致密的情况，可能是夜光粉外观的不规则性或者包覆厚度不够导致。

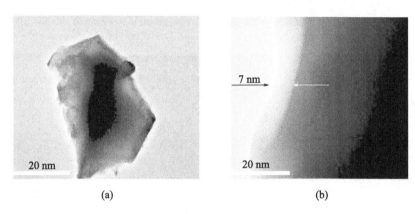

图 2-11　KH550 改性 $SrAl_2O_4$：Eu^{2+}，Dy^{3+} 夜光粉的透射电镜图

2.3.3　红外光谱分析

为了验证硅烷偶联剂 KH550 对 $SrAl_2O_4$：Eu^{2+}，Dy^{3+} 夜光粉的表面处理效果，对处理前后的夜光粉分别进行红外光谱测试。采用美国 PerkinElmer 公司的傅里叶红外光谱仪对样品进行红外吸收光谱测试。测试条件：样品在 4000～500cm^{-1} 波数范围内，以分辨率 4cm^{-1} 进行扫描。得到的红外光谱图如图 2-12 所示。

从图 2-12 可以看出，经过硅烷偶联剂处理后的 $SrAl_2O_4$：Eu^{2+}，Dy^{3+} 夜光粉在 3000～3600cm^{-1} 处的吸收峰明显减弱，原因是经过硅烷偶联剂处理后夜光粉表面的亲水基团（—OH 基团）明显减弱。处理后的夜光粉在 $1050cm^{-1}$ 处的吸收峰来自 C—O 的伸缩振动，同时在 $770cm^{-1}$ 处的吸收峰对应 Si—O—Si 基团，以上数据说明硅烷偶联剂 KH550 的 Si—O—Si 基团已经"接枝"到夜光粉上，达到了预期。

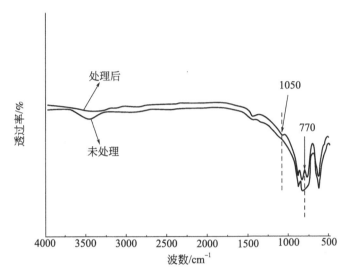

图 2-12　$SrAl_2O_4$：Eu^{2+}，Dy^{3+} 夜光粉改性前后红外光谱图

为了获得改性后 $SrAl_2O_4$：Eu^{2+}，Dy^{3+} 夜光粉、三芳基硫锡六氟锑酸盐和掺杂 THFS 夜光纤维各组分之间的相互作用以及分子构象和分子间作用力等信息，对以上三种材料的红外光谱进行研究，结果如图 2-13 所示。

从图 2-13 中的样品 4——掺杂 THFS 夜光纤维的红外峰可以看出，$2952cm^{-1}$、$2868cm^{-1}$ 处的红外峰对应聚丙烯树脂中—CH_3 的对称和反对称伸缩振动，$1376cm^{-1}$ 处属于—CH_3 的对称弯曲振动。由于改性后 $SrAl_2O_4$：Eu^{2+}，Dy^{3+} 夜光粉、三芳基硫锡六氟锑酸盐、聚丙烯树脂（PP），以及掺杂 THFS 的夜光纤维在 $1460cm^{-1}$ 处的红外峰存在重合现象，由此可推断，掺杂 THFS 夜光纤维在 $1460cm^{-1}$ 处的红外峰可能属

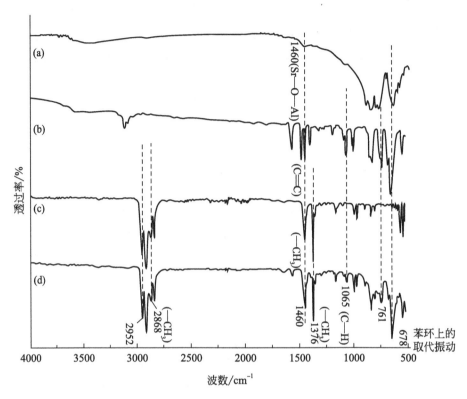

图 2-13　样品的红外光谱图

(a) 改性后 $SrAl_2O_4$：Eu^{2+}，Dy^{3+} 夜光粉；(b) 三芳基硫鎓六氟锑酸盐；

(c) 聚丙烯树脂（PP）；(d) 掺杂 THFS 的夜光纤维

于夜光粉中 Sr—O—Al 的对称与非对称伸缩振动，也可能来自三芳基硫鎓六氟锑酸盐中苯环上 C≡C 骨架振动，或者属于聚丙烯树脂中—CH₃的不对称弯曲振动。同样，掺杂 THFS 夜光纤维在 1065cm⁻¹ 的红外峰对应三芳基硫鎓六氟锑酸盐苯环上 C—H 的面内弯曲振动，761cm⁻¹、678cm⁻¹ 的红外峰均来自苯环上的取代振动。以上数据可以证明，掺杂 THFS 夜光纤维的红外峰中存在 $SrAl_2O_4$：Eu^{2+}，Dy^{3+} 夜光粉、三芳基硫鎓六氟锑酸盐和聚丙烯树脂三种材料的特征峰，且纤维内部各组分独立性良好。

此外，通过上述分析可以充分说明三芳基硫鎓六氟锑酸盐的加入没有改变聚丙烯的化学结构，符合夜光纤维主体依然是聚丙烯的制备要求。

2.3.4 物相结构分析

掺杂 THFS 夜光纤维的发光特性受到 $SrAl_2O_4$：Eu^{2+}，Dy^{3+} 夜光粉和三芳基硫鎓六氟锑酸盐的影响，特别是其晶格结构对纤维发射光谱和色谱的影响。因此，在研究掺杂 THFS 夜光纤维的发射光谱和色谱性能之前，必须探讨 $SrAl_2O_4$：Eu^{2+}，Dy^{3+} 夜光粉和三芳基硫鎓六氟锑酸盐各自的物相结构。采用德国 Bruker 公司的 D8 Advance 型 X 射线衍射仪分析样品的物相结构。测试条件：采用铜靶 Cu Kα（$\lambda = 0.15406nm$），功率为 1600W（40kV×40mA），扫描范围为 $10° \sim 70°$，扫描速度 4（°）/min。分别对改性后的 $SrAl_2O_4$：Eu^{2+}，Dy^{3+} 夜光粉、三芳基硫鎓六氟锑酸盐、聚丙烯树脂、掺杂 THFS 夜光纤维样品进行 XRD 测试，结果如图 2-14 所示。

从图 2-14 可以看出，改性后 $SrAl_2O_4$：Eu^{2+}，Dy^{3+} 夜光粉的 XRD 衍射峰的峰形尖锐，2θ 在 20.0°、28.4°、29.3°、35.1°处存在较强的衍射峰，查看 JCPDS 标准卡片 No.34-0379，并结合 MDI 软件分析得出该材料的物相成分属于 α-$SrAl_2O_4$ 的单斜晶系磷石英晶体结构，且晶格常数为 $a = 0.8442nm$，$b = 0.8822nm$，$c = 0.5161nm$，$\beta = 93.41°$，与未改性前夜光粉的晶格常数基本一致，表明 KH550 硅烷偶联剂对 $SrAl_2O_4$：Eu^{2+}，Dy^{3+} 夜光粉的晶格结构没有产生影响；图 2-14（b）是聚丙烯树脂的 XRD 衍射峰，其峰形比较光滑，且 2θ 在 14.3°、17.1°和 18.7°处的衍射峰较强，属于典型的大分子结构；而图 2-14（c）为三芳基硫鎓六氟锑酸盐的 XRD 图谱，该材料图谱中衍射峰较多，2θ 在 17.2°、20.0°、20.4°、24.2°、37.0°处的衍射峰较强，样品 4 是掺杂 THFS 的稀土夜光纤维，可以看出其衍射峰多且杂，出现了属于改性后 $SrAl_2O_4$：Eu^{2+}，Dy^{3+} 夜光粉、聚丙烯树脂以及三芳基硫鎓六氟锑酸盐三者的特征峰，表明复杂的纺丝工艺没有对发光材料、聚丙烯树脂和三芳基硫鎓六氟锑酸盐的晶格结构产生影响。由此可见，掺杂 THFS 夜光纤维的晶格结构保证了 $SrAl_2O_4$：Eu^{2+}，Dy^{3+} 夜光粉的发光性能和三芳基硫鎓六氟锑酸盐的光引发性能，同时也验证了掺杂 THFS 夜光纤维纺丝工艺的可行性。

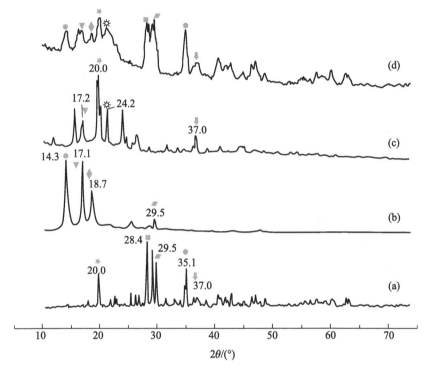

图 2-14　样品的 XRD 光谱图

(a) 改性后 $SrAl_2O_4$：Eu^{2+}，Dy^{3+} 夜光粉；(b) 聚丙烯树脂 (PP)；
(c) 三芳基硫鎓六氟锑酸盐；(d) 掺杂 THFS 的稀土夜光纤维

2.3.5　物理性能分析

(1) 强伸性能分析

采用 G001A 型纤维电子强力仪对样品进行强伸性能测试。测试条件：温度 20℃，相对湿度 65%，夹距为 20mm，拉伸速度为 20mm/min，预加张力为 0.2cN。掺杂 THFS 的夜光纤维是一种可以在夜晚发出蓝色光的发光纤维，安全无放射性，具有较高的发光效率、较长的余辉时间以及相对稳定的化学性能，使得该夜光纤维更适合用于制备功能性纺织面料。表 2-3 为三芳基硫鎓六氟锑酸盐浓度对夜光纤维强伸性能的影响结果，其中，掺杂 THFS 夜光纤维的制备参数选择表 2-2 中的制备方案。

表 2-3　三芳基硫鎓六氟锑酸盐浓度对夜光纤维强伸性能的影响

硫鎓盐浓度	干态		湿态	
	断裂强度 /(cN/dtex)	断裂伸长率 /%	断裂强度 /(cN/dtex)	断裂伸长率 /%
1#-0%	3.51±0.02	29.98±0.03	3.50±0.01	28.67±0.01
2#-0.3%	3.55±0.02	33.14±0.01	3.54±0.02	32.65±0.02
3#-0.4%	3.37±0.02	31.77±0.02	3.32±0.01	31.14±0.01
4#-0.5%	3.28±0.01	31.04±0.02	3.23±0.02	30.54±0.02
5#-0.6%	3.21±0.02	30.23±0.02	3.14±0.02	29.79±0.01
6#-0.7%	3.18±0.02	28.29±0.01	3.09±0.02	27.02±0.03

从表 2-3 中可以看出，湿态下夜光纤维的断裂强度和断裂伸长率较干态环境均降低，这是因为掺杂 THFS 夜光纤维的主体是由三芳基硫鎓六氟锑酸盐、聚丙烯基材和稀土铝酸锶发光材料共同组成，聚丙烯自身弹性好，但吸湿性相对较差（回潮率小于 0.03%），而稀土铝酸锶发光材料和三芳基硫鎓六氟锑酸盐在湿态下受潮易水解从而使夜光纤维体积膨胀，随着纤维分子间吸入水含量的增加其再次达到一个新的平衡，纤维的结晶度减小，取向度变小，强度随之减小，此外，由于纤维主体基材——聚丙烯的弹性较好导致纤维断裂伸长率随着断裂强度的降低而减

小，因此，湿态环境下夜光纤维的整体断裂强度下降，柔韧性减弱。

夜光纤维的断裂强度和断裂伸长率随着三芳基硫鎓六氟锑酸盐浓度的增加而发生变化，当三芳基硫鎓六氟锑酸盐浓度为 0.3% 时，纤维在干、湿态环境下的断裂强度和断裂伸长率均高于未掺杂三芳基硫鎓六氟锑酸盐的夜光纤维，由此可见，添加适量的三芳基硫鎓六氟锑酸盐可以提高纤维的断裂强度和断裂伸长率，原因可以解释为三芳基硫鎓六氟锑酸盐浓度的增加导致其大分子链间的联结更加紧密，使得分子量上升，而三芳基硫鎓六氟锑酸盐具有良好的韧性和黏合性能，作为掺杂剂加入到夜光纤维纺丝原料中可提高共混熔体的流动性和可纺性能，使得夜光纤维更容易牵伸成丝，提高了纤维的断裂强度。此外，浓度的增加使得纤维内分子链间的联结分子数增多，导致纤维内部分子链的键长和键角的卷曲加剧，因此，当外力拉伸时，纤维表现出更强的韧性，断裂伸长率升高。但是，随着三芳基硫鎓六氟锑酸盐浓度的继续增加，纤维强度开始下降，原因是掺杂三芳基硫鎓六氟锑酸盐后，夜光纤维结晶区分子间的氢键受到破坏，从而使纤维的晶态开始向非晶态转变，材料断裂强度减小，柔韧性减弱。另一种解释是由于三芳基硫鎓六氟锑酸盐浓度的增加一定程度上减弱了纤维中 $SrAl_2O_4$：Eu^{2+}，Dy^{3+} 发光颗粒间的缠结，使其在纤维中分布更易滑动和重排，从而降低了纤维的力学性能及纤维的断裂伸长率。

(2) 摩擦性能分析

纤维的摩擦性能不仅关系到纺织成品的质量，还直接对纺丝工艺过程产生影响，在夜光纤维的熔融纺丝过程中，经常会出现纤维与纺丝机件、纤维与纤维之间的相对运动，而纤维的牵伸、梳理和卷绕等工艺均受到纤维摩擦力大小的影响，进而影响到纤维成纱后的成品质量。一般认为，纤维的摩擦性能经常采用摩擦系数来表示，摩擦系数包括静摩擦系数和动摩擦系数。采用 Y151 型纤维摩擦系数测定仪对样品进行摩擦性能测试。测试条件：预加张力 200mg 砝码，测静摩擦系数时转速为

1r/min，测动摩擦系数时转速为 30r/min，温度 20℃，相对湿度 65%。选用表 2-2 中的参数方案制备夜光纤维样品，分别测试了不同三芳基硫鎓六氟锑酸盐浓度下纤维与纤维（F/F）、纤维与金属（F/M）之间的动、静摩擦系数，结果见表 2-4，表中 S 代表静摩擦系数，K 代表动摩擦系数。

表 2-4　不同三芳基硫鎓六氟锑酸盐浓度对纤维动静摩擦系数的影响

三芳基硫鎓六氟锑酸盐浓度	类别		
	F/F		F/M
$1^{\#}$-0%	S　0.49±0.02		S　0.62±0.02
	K　0.44±0.01		K　0.56±0.02
$2^{\#}$-0.3%	S　0.57±0.02		S　0.69±0.02
	K　0.55±0.01		K　0.58±0.02
$3^{\#}$-0.4%	S　0.60±0.02		S　0.62±0.02
	K　0.59±0.02		K　0.61±0.01
$4^{\#}$-0.5%	S　0.63±0.02		S　0.65±0.02
	K　0.61±0.01		K　0.62±0.01
$5^{\#}$-0.6%	S　0.65±0.01		S　0.67±0.02
	K　0.63±0.02		K　0.64±0.02
$6^{\#}$-0.7%	S　0.67±0.02		S　0.70±0.01
	K　0.64±0.01		K　0.66±0.02

从表 2-4 可以看出，随着三芳基硫鎓六氟锑酸盐浓度的增加，纤维与纤维（F/F）、纤维与金属（F/M）的动、静摩擦系数均逐渐增大，原因是三芳基硫鎓六氟锑酸盐浓度的增加使夜光纤维表面粗糙度增大，纤维内部大分子含量逐渐增加，因此，动、静摩擦系数逐渐变大。

2.3.6　热学性能分析

（1）热分解阶段分析

纤维的热分解温度可以采用热重方法（TGA）来分析，热重分析法是研究物质在受热过程中质量发生变化的一种技术，采用热重曲线（TG）可以记录物质质量变化与温度关系，进一步获得物质的组成、热分解温度、热稳定性等数据[16]。选取表 2-2 制备方案中的样品 8#（丙纶纤维）、2#（丙纶基夜光纤维）和 5#（掺杂 THFS 的稀土夜光纤维）进行热重对比测试，其结果见图 2-15。采用 Mettler Toledo 公司制造的 TGA/SDTA85le 型热重分析仪对样品的热分解温度进行测试。测试条件：以 10℃/min 升温速率对样品从 50℃扫描至 500℃，气氛为高纯氮。

图 2-15 是丙纶纤维、丙纶基夜光纤维和掺杂 THFS 稀土夜光纤维的 TG 曲线。从图中可以看出，丙纶纤维和丙纶基夜光纤维的主失重温度都是 405℃，而掺杂 THFS 的稀土夜光纤维在 415℃开始降解，这与三芳基硫鎓六氟锑酸盐的主失重温度 413℃接近，失重曲线也类似，原因可认为在 0~600℃的热分解检测温度下，掺杂 THFS 夜光纤维的热分解温度取决于三芳基硫鎓六氟锑酸盐和聚丙烯基材二者的熔融体，且三芳基

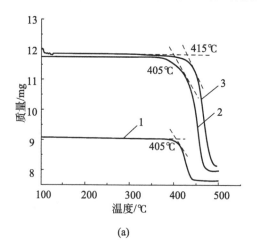

(a)

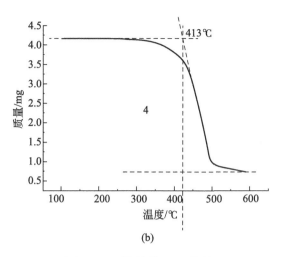

图 2-15 样品的 TG 曲线

1—丙纶纤维；2—丙纶基夜光纤维；3—掺杂 THFS 的稀土夜光纤维；

4—三芳基硫镓六氟锑酸盐

硫镓六氟锑酸盐起主导作用。此外，图 2-15 中所有样品在 350～500℃ 之间均存在着显著的失重，原因主要是随着温度升高，纤维自身开始逐渐分解。丙纶纤维（a）的主要成分是聚丙烯，而丙纶基夜光纤维（b）的主体也是聚丙烯，因此，丙纶纤维和丙纶基夜光纤维的主失重温度相同，失重曲线相似，具有相同的热稳定性能。

（2）热稳定性分析

纤维的热转变温度与其组成、分子结构、加工工艺等有着密切关系，采用差示扫描量热（DSC）曲线可以研究物质的热稳定性，结晶聚合物的结晶度以及热转变的各种参数等[17]。采用 Perkin-Elmer 公司 DSC-7 型差示扫描量热仪对样品的热转变温度进行测试。测试条件：温度由 50℃升温至 300℃，升温速率为 20℃/min。

同样选取表 2-2 制备方案中的样品 8#（丙纶纤维）、2#（丙纶基夜光纤维）和 5#（掺杂 THFS 的稀土夜光纤维）进行热重对比测试，图 2-16

是丙纶纤维、丙纶基夜光纤维和掺杂 THFS 稀土夜光纤维的 DSC 曲线，从图中可以发现，丙纶纤维、丙纶基夜光纤维和掺杂 THFS 稀土夜光纤维三者的 DSC 曲线类似，且吸热熔融温度也接近。丙纶纤维和丙纶基夜光纤维的吸热熔融峰均在 164.8℃ 附近，由此可见，丙纶基夜光纤维的吸热熔融峰来自丙纶基材。此外，丙纶基夜光纤维的主要成分是聚丙烯树脂和 $SrAl_2O_4$：Eu^{2+}，Dy^{3+} 发光材料，而 $SrAl_2O_4$：Eu^{2+}，Dy^{3+} 发光材料是无机物，具有很高的耐热性，一般可以承受 1000℃ 左右的高温。因此，在熔融纺丝过程中，只能观察到纤维中聚丙烯基材和三芳基硫镓六氟锑酸盐的熔融现象，而夜光纤维中的无机成分 $SrAl_2O_4$：Eu^{2+}，Dy^{3+} 发光材料依然附着在纤维表面，使得纤维具有较高的熔点以及良好的热稳定性能。

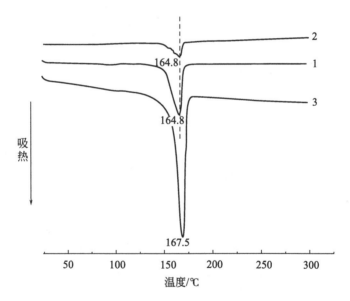

图 2-16　样品的 DSC 曲线

1—丙纶纤维；2—丙纶基夜光纤维；3—掺杂 THFS 的稀土夜光纤维

掺杂 THFS 稀土夜光纤维的吸热熔融峰位于 167.5℃，与丙纶纤维的熔融峰（164.8℃）和三芳基硫镓六氟锑酸盐的熔融峰（166℃）相差不大，因此，可以推断在 300℃ 温度下，掺杂 THFS 稀土夜光纤维的吸热熔融峰来自掺杂的三芳基硫鎓六氟锑酸盐和丙纶基材。

2.3.7　发光性能分析

（1）余辉性能分析

夜光纤维的余辉性能指的是离开激发光源后光照亮度随着时间衰减的规律，因此，优良的余辉性能是衡量稀土夜光纤维性能最为重要的指标。目前稀土 $SrAl_2O_4$：Eu^{2+}，Dy^{3+} 夜光纤维的余辉性能最为理想，但是，随着市场的发展，有机/无机发光材料的掺杂对夜光纤维余辉性能的研究亟待发展，因此，通过研究添加 THFS 后夜光纤维的余辉性能，分析光引发材料的掺杂是否会对夜光纤维中 $SrAl_2O_4$：Eu^{2+}，Dy^{3+} 发光材料的余辉性能产生影响，随后总结了掺杂 THFS 稀土夜光纤维的蓄发光规律，为研究夜光纤维的光谱性能提供了理论基础。

采用杭州浙大三色仪器有限公司的 PR-305 荧光发光亮度测试仪测试样品的发光亮度。测试条件：光照时间 10min，光照结束 10s 开始测量，测试时间间隔为 1s。图 2-17 表示不同含量 THFS 稀土夜光纤维的余辉亮度曲线，其中，PP-SAOED 代表丙纶基夜光纤维，三芳基硫鎓六氟锑酸盐含量为 0%，A-PP-SAOED 代表 THFS 含量为 0.3%，B-PP-SAOED 代表 THFS 含量为 0.4%，C-PP-SAOED 代表 THFS 含量为 0.5%，D-PP-SAOED 代表 THFS 含量为 0.6%，E-PP-SAOED 代表 THFS 含量为 0.7%。

从图 2-17 可以看出，掺杂 THFS 稀土夜光纤维的发光亮度衰减曲线与未添加 THFS 的夜光纤维相似，发光时间均在数小时以上，造成这种现象的原因是发光材料中陷阱能级的深度对发光时间起到决定性作用，而三芳基硫鎓六氟锑酸盐和纤维基质对电子吸收光子数量起到分散的作用，电子从激发态返回基态的速度受到影响，而并不影响发光材料内部

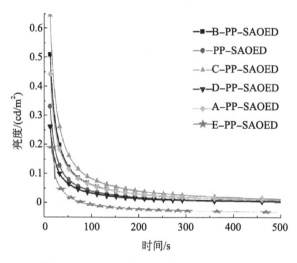

图 2-17　夜光纤维的余辉亮度曲线

电子能级跃迁的数量以及陷阱能级深度，同时也不会影响夜光纤维余辉时间的长短[18-21]。此外，不同浓度 THFS 的添加导致夜光纤维发光初始亮度差别很大，即夜光纤维初始亮度衰减规律表现为：C-PP-SAOED＞B-PP-SAOED＞A-PP-SAOED＞PP-SAOED＞D-PP-SAOED＞E-PP-SAOED。THFS 掺杂量从 0.3％增加到 0.5％的过程中，夜光纤维的初始亮度呈现不断增大的趋势，但是，纤维的初始亮度在 THFS 掺杂量为0.5％时达到饱和且余辉亮度最高，随后，掺杂量的继续增加使得纤维初始亮度反而开始衰减，由此可见，三芳基硫鎓六氟锑酸盐的掺杂一定程度上影响了夜光纤维的初始余辉亮度。

　　夜光纤维的初始亮度随着三芳基硫鎓六氟锑酸盐掺杂量的增加而增大，原因是三芳基硫鎓六氟锑酸盐具有吸收光能并转化能量的作用，根据第 1 章中对其发光机理的介绍可知，三芳基硫鎓六氟锑酸盐分子中的共轭双键吸收光子后会发生光裂解反应，反应产生的 π 电子可以从基态跃迁到高能级激发态，产生电子激发态的分子，一部分激发态的分子可以通过辐射跃迁发出荧光或磷光，将部分能量传递给激活剂（此处激活剂指 $SrAl_2O_4$：Eu^{2+}，Dy^{3+} 发光材料），被敏化的稀土离子可以获得更多的激发能，从而发出荧光而返回基态。因此，夜光纤维中可能存在三芳基硫鎓六氟锑酸盐和发光材料两个激发光源，发出的光强为两者光的叠加，三芳基硫鎓六氟锑酸盐将吸收的光能部分传递给了稀土发光材料，使得发光材料被充分激发产生更多光能，因此，随着三芳基硫鎓六氟锑酸盐掺杂量的增多，夜光纤维余辉初始亮度不断增加。

当三芳基硫鎓六氟锑酸盐掺杂量超过 0.5%，夜光纤维的余辉亮度开始衰减，原因可以解释为过多的三芳基硫鎓六氟锑酸盐可能会造成纺丝原料掺杂量的增大，容易导致纤维发光中心产生荧光猝灭现象。另一种解释是一部分三芳基硫鎓六氟锑酸盐可以吸收光子产生荧光，而另外一部分过多的三芳基硫鎓六氟锑酸盐对激发光源光子数量起到分散作用，纤维中的 $SrAl_2O_4$：Eu^{2+}，Dy^{3+} 发光材料不能被充分激发，从而降低了发光材料对光能的吸收，所以掺杂 THFS 稀土夜光纤维的发光亮度开始降低。

(2) 发射光谱性能分析

作为一种新型的能够发出蓝色光的 $SrAl_2O_4$：Eu^{2+}，Dy^{3+} 夜光纤维，对其发射光谱的研究显得尤为重要。采用日本日立公司生产的 HITACHI650-60 型荧光分光光度计测试样品的发射光谱。测试条件：氙灯作激发光源，狭缝宽度 1～5nm，激发波长 365nm，扫描速度 1200nm/min，室温环境。选取表 2-2 制备方案中的样品 5# （THFS 浓度为 0.5%）、自制的 $SrAl_2O_4$：Eu^{2+}，Dy^{3+} 发光材料以及三芳基硫鎓六氟锑酸盐为测试对象，在 365nm 的激发波长下检测样品的发射光谱。其中，样品在 365nm 处的发射光谱如图 2-18 所示。

图 2-18 为 $SrAl_2O_4$：Eu^{2+}，Dy^{3+} 夜光粉、三芳基硫鎓六氟锑酸盐以及掺杂 THFS 稀土夜光纤维的激发发射光谱图。从图中可以看出，$SrAl_2O_4$：Eu^{2+}，Dy^{3+} 夜光粉在激发波长为 365nm 条件下能够发出 520nm 的波。图 2-18 (b) 显示三芳基硫鎓六氟锑酸盐的特征发射峰位于 440nm 处，而图 2-18 (c) 中掺杂 THFS 的稀土夜光纤维在激发波长 365nm 条件下存在两个发射峰，其峰值位于 440nm 和 520nm 左右，分

别归属于 $SrAl_2O_4$：Eu^{2+}，Dy^{3+} 夜光粉中 Eu^{2+} 的外层电子在 d 与 f 轨道之间的跃迁[22-25] 和三芳基硫鎓六氟锑酸盐光解生成的 π 电子的瞬态发射峰。前文介绍三芳基硫鎓六氟锑酸盐发光机理时提到，该光引发材料分子结构中的共轭双键能够吸收光子裂解产生二苯基硫正离子自由基，自由基中的 π 电子能够从基态跃迁到高能级激发态并产生电子激发态的分子，因此，三芳基硫鎓六氟锑酸盐在纤维中具有同发光材料一样的光致发光特性，但是，唯一不同的是三芳基硫鎓六氟锑酸盐发光类型属于瞬时发光，移去激发光，自身荧光会立即消失。

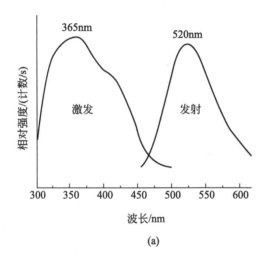

(a)

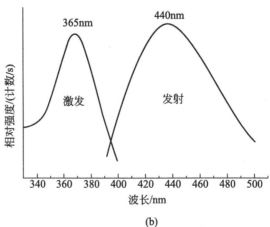

(b)

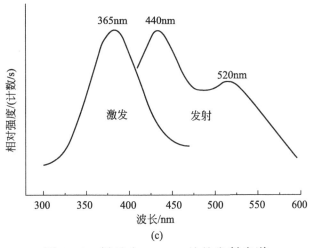

图 2-18　样品在 365nm 处的发射光谱

(a) $SrAl_2O_4$：Eu^{2+}，Dy^{3+} 夜光粉；

(b) 三芳基硫锇六氟锑酸盐；

(c) 掺杂 THFS 的稀土夜光纤维

由以上分析可见，掺杂 THFS 的稀土夜光纤维中 $SrAl_2O_4$：Eu^{2+}，Dy^{3+} 发光材料及三芳基硫锇六氟锑酸盐的发射峰型和峰值均未改变，因此，可以推断三芳基硫锇六氟锑酸盐的掺杂没有改变纤维基质的晶格结构。

(3) 发光色谱性能分析

光色特性是判断掺杂 THFS 的稀土夜光纤维产生蓝移的主要评价指标。采用杭州浙大三色仪器有限公司的 PR-650 光谱辐射分析仪测试掺杂 THFS 夜光纤维的色度坐标。测试条件：检测光源为 D65 标准光源，10°视角。同样选取表 2-2 制备方案中的样品 5# （THFS 浓度为 0.5%）、自制的 $SrAl_2O_4$：Eu^{2+}，Dy^{3+} 发光材料以及三芳基硫锇六氟锑酸盐为测试对象，通过光谱分析仪测试样品的光色参数，并在 CIE1931 色度图中确定样品的光色区域。样品的色度坐标和主波长如表 2-5 所示。样品在 CIE1931 色度图中的位置如图 2-19 所示。

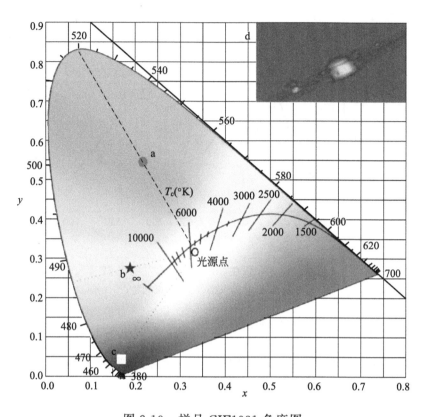

图 2-19　样品 CIE1931 色度图

a—SrAl$_2$O$_4$：Eu^{2+}，Dy^{3+} 发光材料；b—掺杂 THFS 的稀土夜光纤维；
c—三芳基硫鎓六氟锑酸盐；d—夜光纤维在荧光显微镜下的发光效果

由表 2-5 可知，SrAl$_2$O$_4$：Eu^{2+}，Dy^{3+} 发光材料的主波长位于 520nm 处，根据色度坐标 x，$y=(0.2354,0.5532)$ 可以标出夜光粉在色谱图中的位置，从而确定稀土铝酸锶发光材料归属于黄绿色光区；掺杂 THFS 稀土夜光纤维的主波长位于 487nm 处，在色谱图中分布在蓝色光区，通过荧光显微镜可以观察到纤维能够发出明显的蓝色光，如图 2-19 所示；样品 c 为三芳基硫鎓六氟锑酸盐，在 CIE1931 色谱图中呈现蓝紫色光。因此，以上数据说明制备的掺杂 THFS 夜光纤维相对 SrAl$_2$O$_4$：Eu^{2+}，Dy^{3+} 夜光粉发生了光色蓝移，而相对三芳基硫鎓六氟锑酸盐发生了光色红移。原因可以解释为：掺杂 THFS 稀土夜光纤维的光色是由发光材料的黄绿色发光中心和三芳基硫鎓六氟锑酸盐的蓝紫色发光中心二者发光颜色叠加后产生的，可通过光色相加原理得到黄绿色光与蓝紫色光匹配出的光色归属于蓝色光区，因此，制备的夜光纤维发光色谱呈现蓝色，相对发黄绿色光的稀土铝酸锶发光材料产生了光色蓝移。

表 2-5　样品的色度坐标和主波长

样品	CIE 色度坐标		主波长/nm
	x	y	
a $SrAl_2O_4$：Eu^{2+}，Dy^{3+} 发光材料	0.2354	0.5532	520
b 掺杂 THFS 的稀土夜光纤维	0.1902	0.2943	487
c 三芳基硫　六氟锑酸盐	0.1798	0.0476	440

综上，本章合成了适用于制备夜光纤维的三芳基硫鎓六氟锑酸盐光引发材料，借助扫描电镜、红外光谱仪、核磁共振氢谱仪、质谱仪、差示扫描量热分析仪以及热重分析仪对获得的三芳基硫鎓六氟锑酸盐进行表征和性能测试，然后通过熔融纺丝的方法制备了掺杂 THFS 的蓝色光夜光纤维，并详细分析了纤维的结构特征和物理性能，得出如下结论：

① 三芳基硫鎓六氟锑酸盐的粒径分布小于 $10\mu m$，粒径大小符合纺丝要求；通过红外光谱分析目标产物的分子结构和化学组成，苯环上 C—H 键的伸缩振动和 C ≡C 键的骨架振动峰可以初步鉴定合成的产物中含有苯环。通过核磁和质谱定量分析合成物的微量及超微量元素，确定合成的化合物分子量与理论值基本一致，因此，可以确定合成的化合物就是三芳基硫鎓六氟锑酸盐光引发材料。三芳基硫鎓六氟锑酸盐的热稳定性相当好，加热至 300℃ 左右开始分解，吸热熔融峰在 166℃ 附近，

符合丙纶基材的纺丝温度要求。

② 以 $SrCO_3$、Al_2O_3、Eu_2O_3、Dy_2O_3 和 H_3BO_3 为原料，采用微波煅烧法制备了 $SrAl_2O_4 : Eu^{2+}$，Dy^{3+} 发光材料，通过硅烷偶联剂 KH550 对其进行表面修饰，将改性后的发光材料与三芳基硫鎓六氟锑酸盐共同掺杂到聚丙烯基材的纺丝原料中制备了夜间发出蓝色光的夜光纤维。该纤维的成丝性能良好，$SrAl_2O_4 : Eu^{2+}$，Dy^{3+} 发光材料随机分散在纤维内部或表面，且无明显团聚现象。

③ 红外光谱分析表明，除了 $SrAl_2O_4 : Eu^{2+}$，Dy^{3+} 发光材料和聚丙烯基材的特征峰外，掺杂 THFS 稀土夜光纤维中还存在三芳基硫鎓六氟锑酸盐中苯环上 C＝C 键的骨架振动和 C—H 键的面内弯曲振动，进一步验证了材料中三芳基硫鎓六氟锑酸盐的存在；XRD 分析表明夜光纤维中各物相成分没有遭到破坏，其衍射峰是发光材料、聚丙烯树脂和三芳基硫鎓六氟锑酸盐各组分物相的简单叠加，同时也说明了掺杂 THFS 稀土夜光纤维纺丝工艺的可行性。

④ 干湿态力学性能测试表明干态下掺杂 THFS 稀土夜光纤维具有一定的断裂强度，较柔韧，湿态下夜光纤维的断裂强度下降，柔韧性减弱；增加三芳基硫鎓六氟锑酸盐的浓度，纤维在干态和湿态下的断裂强度逐渐减小，断裂伸长率降低；纤维的摩擦性能测试表明，随着三芳基硫鎓六氟锑酸盐浓度的增加，纤维的动、静摩擦系数均变大。

⑤ 热重分析结果说明丙纶纤维和丙纶基夜光纤维的主失重温度相同，热稳定性能相似，而掺杂 THFS 的稀土夜光纤维在 415℃开始降解，与三芳基硫鎓六氟锑酸盐的主失重温度接近，可以推断掺杂 THFS 稀土夜光纤维的热分解温度来自三芳基硫鎓六氟锑酸盐；DSC 曲线显示了掺杂 THFS 稀土夜光纤维中聚丙烯和三芳基硫鎓六氟锑酸盐的熔融现象，无法观察到夜光纤维中无机成分——$SrAl_2O_4 : Eu^{2+}$，Dy^{3+} 发光材料的吸热熔融峰，因此，在熔融纺丝过程中，发光颗粒依然附着在纤维表面，表现出较高的熔点和良好的热稳定性能。

⑥ 夜光纤维的余辉初始亮度受到三芳基硫鎓六氟锑酸盐掺杂浓度的

影响，在浓度为0.5%时达到饱和，余辉初始亮度最大，随着浓度继续增加，夜光纤维产生荧光猝灭，初始亮度则逐渐衰减。

⑦ 掺杂THFS的稀土夜光纤维在激发波长为365nm条件下，会产生两个明显的发射峰，峰值位于440nm的蓝色光区和520nm的黄绿色光区，分别来自三芳基硫鎓六氟锑酸盐光解后的特征发射峰和$SrAl_2O_4$：Eu^{2+}，Dy^{3+}发光材料中Eu^{2+} $4f^65d^1$跃迁回基态$4f^7$的特征峰。夜光纤维的发光中心包括三芳基硫鎓六氟锑酸盐光解产生的二苯基硫正离子自由基释放π电子的瞬态特征光、$SrAl_2O_4$：Eu^{2+}，Dy^{3+}发光材料中Eu^{2+}的$4f^65d^1$-$4f^7$及时发光以及发光材料陷阱能级中俘获电子热扰动作用发出的余辉光。

参考文献

[1] 张技术，葛明桥. 光谱指纹防伪纤维的制备方法及其防伪原理[J]. 纺织学报，2011，32（6）：7-11.

[2] 闫彦红，葛明桥. 颜料对彩色夜光纤维光谱性能的影响[J]. 纺织学报，2013，34（2）：40-44.

[3] Li J, Zhao Y, Ge M Q , et al. Superhydrophobic and luminescent cotton fabrics prepared by dip-coating of APTMS modified $SrAl_2O_4$：Eu^{2+}，Dy^{3+} particles in the presence of SU8 and fluorinated alkyl silane[J]. Journal of Rare Earths, 2016, 34 (S7):653-660.

[4] Zeng C, Wang H, Zhou H, et al. Directional water transport fabrics with durable ultra-high one-way transport capacity[J]. Advanced Materials Interfaces, 2016, 3 (14).

[5] Zeng C, Wang H, Zhou H, et al. Self-cleaning, superhydrophobic cotton fabrics with excellent washing durability, solvent resistance and chemical stability prepared from an

SU-8 derived surface coating[J]. RSC advances，2015，5(75)：61044-61050.

[6] Barker I A，Dove A P. Triarylsulfonium hexafluorophosphate salts as photoactivated acidic catalysts for ring-opening polymerisation[J]. Chemical Communications，2013，49(12)：1205-1207.

[7] Iqbal K，Sun D. Development of thermo-regulating polypropylene fibre containing microencapsulated phase change materials[J]. Renewable Energy，2014，71：473-479.

[8] Wang Z，Gao D. Friction and wear properties of stainless steel sliding against polyetheretherketone and carbon-fiber-reinforced polyetheretherketone under natural seawater lubrication[J]. Materials & Design，2014，53：881-887.

[9] 凌华招. 阳离子光引发剂三芳基硫鎓盐的合成及应用[D]. 成都：四川大学，2006.

[10] 凌华招，谢川. 阳离子型 UV 光引发剂——三芳基硫鎓盐的合成[J]. 合成化学，2006，14(2)：170-171.

[11] 徐俊伟，陈德铨，史素青，等. 三芳基硫鎓盐的合成及光引发阳离子聚合反应[J]. 信息记录材料，2006，7(1)：34-37.

[12] 石高升. 紫外阳离子光引发剂硫盐的合成研究[D]. 太原：山西大学，2011.

[13] 肖志国. 蓄光型发光材料及其制品[M]. 北京：化学工业出版社，2002.

[14] 金昭，张玲，葛明桥. 用于夜光纤维的发光材料特性[J]. 纺织学报，2011，32(4)：7-11.

[15] 闫彦红，葛明桥. 稀土夜光纤维产品开发与应用[J]. 产业用纺织品，2008，26(2)：16-19.

[16] 柳云骐，罗根祥，孙海翔. 材料化学实验[M]. 东营：中国石油大学出版社，2013.

[17] 张倩编. 高分子近代分析方法[M]. 成都：四川大学出版社，2015.

[18] 王丽辉，徐征，赵辉，等. 热释发光在长余辉材料研究中的应用[J]. 北京交通大学学报，1998，22(5)：10.

[19] 肖志国，罗昔贤. 蓄光型发光材料及其制品[M]. 北京：化学工业出版社，2005.

[20] 刘震，杨志平. 铝酸锶铕镝长余辉材料研究[J]. 河北大学学报（自然科学版），2001，21(4)：443-447.

[21] Fan G，Xiao G，Zhang Z，et al. Modification of optical properties of $SrAl_2O_4$：Eu^{2+}，Dy^{3+} phosphor by terbium doping[J]. Journal of the Chinese Ceramic Society，2012，40(1)：85-89.

[22] 王亮，朱美芳，郑怀德，等. 铕离子注入氧化硅膜光发射的研究[J]. 半导体学报，

1999(10)：841-845.

[23] 崔彩娥，王森，黄平. Dy含量对红色长余辉发光材料 $Sr_3Al_2O_6$：Eu^{2+}，Dy^{3+} 性能的影响[J]. 物理学报，2009，58(5)：3565-3571.

[24] Zheng F，Wang Y，Ding D，et al. Water resistance of rare earth fluorescent bamboo plastic composites modified with hydrogen silicone oil[J]. Transactions of the Chinese Society of Agricultural Engineering，2015，31(21)：308-314.

[25] 徐丽丽，陈毅彬，曾人杰. Li_2SrSiO_4：Eu^{2+}，Tb^{3+} 中 Eu^{2+} 和 Tb^{3+} 的发光特性和能量传递[J]. 陶瓷学报，2011，3：419-424.

第 3 章

夜光纤维光谱蓝移的
影响因素及发光机制

三芳基硫鎓六氟锑酸盐（THFS）是一种可以吸收可见光和紫外光并发出特定波段光的芳香族有机发光化合物，而夜光纤维具有在白天吸收可见光，并将其储存到纤维中，在夜间可持续发光的特点。现阶段，研发的夜光纤维能够发出红、黄、蓝、绿等各种颜色的光，可以被广泛应用到纺纱、织物、绣品、服装等领域，稀土发光材料可以与涂料一起涂覆到织物表面制得夜光面料，可用来制作夜光毛绒玩具或者舞台服装等[1-4]。

近年来，随着新型面料特别是功能性服装的不断出现，夜光纤维及夜光纱线逐渐受到人们青睐。国内多家企业关注到夜光纤维在纺织领域的应用前景，将 $SrAl_2O_4$：Eu^{2+}，Dy^{3+} 等发光材料应用到合成纤维中，通过熔融纺丝的方法开发出具有发光功能的夜光丝[5-8]。但是，夜光纤维发光颜色单一，特别是应用最为广泛的 $SrAl_2O_4$：Eu^{2+}，Dy^{3+} 夜光纤维，发光光谱以黄绿色光为主，光谱颜色单一。

第 2 章研究表明：掺杂 THFS 光引发材料能够实现 $SrAl_2O_4$：Eu^{2+}，Dy^{3+} 夜光纤维的光谱蓝移，但是，发光材料和三芳基硫鎓六氟锑酸盐随机分布在纤维内部，纤维中发光材料的发光性能一定程度上受到三芳基硫鎓六氟锑酸盐的影响，且发光过程和原理较纯夜光纤维相对复杂，因此，本章主要针对添加 THFS 的稀土夜光纤维，研究其发射光谱。虽然纤维的发光能力取决于其分子结构，但是一些外在因素对纤维发光光谱也可能产生较大的影响。纤维中各分子对光的选择性吸收使得不同波长的激发光产生不同的发射效率，激发波长可能影响纤维的发射波长；熔融纺丝过程中温度的变化会造成纤维分子的热胀冷缩，从而间接影响纤维的发射波长。目前，三芳基硫鎓六氟锑酸盐对稀土夜光纤维发射光谱和色谱的影响程度尚未清楚，为此，可以通过研究 $SrAl_2O_4$：Eu^{2+}，Dy^{3+} 发光材料含量、三芳基硫鎓盐光引发材料掺杂量、纺丝温度和激发波长来探讨夜光纤维的光谱蓝移程度。

现阶段，研究夜光纤维光谱位移的文献不多，也未出现一种可以合理、有效地评价夜光纤维光谱位移的方法。本章以体现夜光纤维光谱蓝移效果的发射波长和发光色谱为研究对象，研究 $SrAl_2O_4$：Eu^{2+}，Dy^{3+} 发光材料含量、三芳基硫鎓六氟锑酸盐添加量、熔融温度和激发波长四个评价指标，探究掺杂 THFS 稀土夜光纤维光谱蓝移的主要影响因素，为夜光纤维光谱蓝移的配方设计方法和纤维光色开发提供科学依据。

3.1　光谱蓝移纤维的制备

参见第 2 章所述 $SrAl_2O_4$：Eu^{2+}，Dy^{3+} 发光材料的微波制备法，设置微波功率 900W，微波时间 2h，助熔剂 H_3BO_3 含量为原料总量的 5%（摩尔分数），煅烧温度为 1400℃，自然降温。结合第 2 章叙述的掺杂 THFS 稀土夜光纤维的制备方法，选择比较成熟的熔融纺丝法制备夜光纤维。将自制的稀土铝酸锶经过偶联剂 KH550 改性后与聚合物 PP 切片、三芳基硫鎓六氟锑酸盐混合，经预处理后，将制备好的混合物在熔融纺丝机上进行加工，通过改变 $SrAl_2O_4$：Eu^{2+}，Dy^{3+} 发光材料含量、三芳基硫鎓六氟锑酸盐添加量、熔融温度和激发波长制备出 13 种不同规格的夜光纤维。稀土夜光纤维的制备方案如表 3-1 所示。

表 3-1　稀土夜光纤维的制备方案

样品序号	原料配方	纺丝温度/℃	拉伸倍数
1#	PP 切片：KH550 改性 $SrAl_2O_4$：Eu^{2+}，Dy^{3+}：THFS=96.5%：3%：0.5%	250	2.9
2#	PP 切片：KH550 改性 $SrAl_2O_4$：Eu^{2+}，Dy^{3+}：THFS=95.5%：4%：0.5%	250	2.9
3#	PP 切片：KH550 改性 $SrAl_2O_4$：Eu^{2+}，Dy^{3+}：THFS=94.5%：5%：0.5%	250	2.9

样品序号	原料配方	纺丝温度/℃	拉伸倍数
4#	PP 切片：KH550 改性 $SrAl_2O_4$：Eu^{2+}，Dy^{3+}：THFS＝93.5%：6%：0.5%	250	2.9
5#	PP 切片：KH550 改性 $SrAl_2O_4$：Eu^{2+}，Dy^{3+}：THFS＝92.5%：7%：0.5%	250	2.9
6#	PP 切片：KH550 改性 $SrAl_2O_4$：Eu^{2+}，Dy^{3+}：THFS＝94.7%：5%：0.3%	250	2.9
7#	PP 切片：KH550 改性 $SrAl_2O_4$：Eu^{2+}，Dy^{3+}：THFS＝94.6%：5%：0.4%	250	2.9
8#	PP 切片：KH550 改性 $SrAl_2O_4$：Eu^{2+}，Dy^{3+}：THFS＝94.4%：5%：0.6%	250	2.9
9#	PP 切片：KH550 改性 $SrAl_2O_4$：Eu^{2+}，Dy^{3+}：THFS＝94.3%：5%：0.7%	250	2.9
10#	PP 切片：KH550 改性 $SrAl_2O_4$：Eu^{2+}，Dy^{3+}：THFS＝94.5%：5%：0.5%	210	2.9
11#	PP 切片：KH550 改性 $SrAl_2O_4$：Eu^{2+}，Dy^{3+}：THFS＝94.5%：5%：0.5%	230	2.9
12#	PP 切片：KH550 改性 $SrAl_2O_4$：Eu^{2+}，Dy^{3+}：THFS＝94.5%：5%：0.5%	270	2.9
13#	PP 切片：KH550 改性 $SrAl_2O_4$：Eu^{2+}，Dy^{3+}：THFS＝94.5%：5%：0.5%	290	2.9

3.2 光谱蓝移影响因素分析

本书研究的掺杂 THFS 稀土夜光纤维光谱蓝移指相对纯夜光纤维而

言，发射波长向短波长方向移动，发光色谱向冷色调（蓝紫色）方向移动，因此，本节分别考察 $SrAl_2O_4$：Eu^{2+}，Dy^{3+} 发光材料含量、三芳基硫鎓六氟锑酸盐掺杂量、纺丝温度和激发波长对夜光纤维光谱蓝移的影响。

3.2.1 稀土发光材料含量对夜光纤维光谱蓝移的影响

$SrAl_2O_4$：Eu^{2+}，Dy^{3+} 发光材料作为夜光纤维主体发光部分，在夜间能够发出 520nm 左右的黄绿色光，在熔融纺丝过程中，其含量的多少可能直接影响夜光纤维的发光性能。选取表 3-1 中的样品 1♯～5♯（$SrAl_2O_4$：Eu^{2+}，Dy^{3+} 发光材料含量分别为 3%、4%、5%、6%、7%），制成了 5 种掺杂 THFS 的稀土夜光纤维样品，分别判断掺杂量对夜光纤维发射光谱的影响，确定发光材料含量较好的水平。$SrAl_2O_4$：Eu^{2+}，Dy^{3+} 发光材料对夜光纤维发射光谱的影响结果如图 3-1 所示。

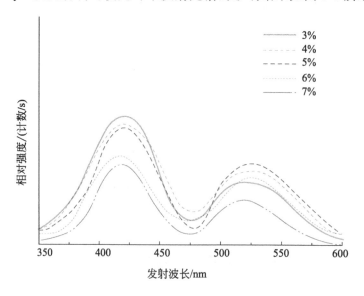

图 3-1　不同 $SrAl_2O_4$：Eu^{2+}，Dy^{3+} 发光材料含量制得的夜光纤维发射光谱

从图 3-1 可以看出，随着 $SrAl_2O_4$：Eu^{2+}，Dy^{3+} 发光材料含量的增加，夜光纤维的发射波长没有改变，峰值分别位于 425nm 和 525nm 附近，归属于三芳基硫锑六氟锑酸盐 π 电子的瞬态发光和 $SrAl_2O_4$：Eu^{2+}，Dy^{3+} 发光材料 Eu^{2+} 的 $4f^6 5d^1 \rightarrow 4f^7$ 跃迁发光。但是，位于 425nm 附近的三芳基硫锑六氟锑酸盐的发射峰强呈现逐渐减弱趋势，而 $SrAl_2O_4$：Eu^{2+}，Dy^{3+} 发光材料的发射峰强度呈现先增大后减小的趋势，当 $SrAl_2O_4$：Eu^{2+}，Dy^{3+} 发光材料含量增大到 5％时，夜光纤维位于 525nm 发射峰附近的相对强度最大，继续增加含量则强度开始减弱，由此可验证 2.3.7 中关于余辉亮度性能的分析。

以上结果可以解释为：当激发光一定的前提下，随着 $SrAl_2O_4$：Eu^{2+}，Dy^{3+} 发光材料含量的增加，一部分激发光可以被三芳基硫锑六氟锑酸盐选择性吸收，而另一部分光能受到 $SrAl_2O_4$：Eu^{2+}，Dy^{3+} 的吸收、反射和折射，过多的发光材料不仅能够吸收光能，还可以将光能储存到陷阱能级中，通过热扰动作用慢慢释放出来，从而持续发光一段时间。但是，随着 $SrAl_2O_4$：Eu^{2+}，Dy^{3+} 发光材料含量的增多，纤维内部发光颗粒团聚现象加剧，部分稀土发光材料开始发生荧光猝灭现象[9]，发光颗粒由于被包埋而不能有效地接受光能，激发效率降低。同时，也无法得到三芳基硫锑六氟锑酸盐给体传递的能量，因此，纤维内部激发发射效率降低，整体光能下降。

图 3-2 为添加 THFS 的稀土夜光纤维 CIE1931 发光色谱图和相关色谱数值，从图中可以看出，当 $SrAl_2O_4$：Eu^{2+}，Dy^{3+} 发光材料含量从 3％增加到 7％时，夜光纤维光色变化不大，色坐标比较接近，都集中在蓝色光区，主波长位于 480～490nm 范围内，相对于主波长位于 440nm 的三芳基硫锑六氟锑酸盐发光纤维（$SrAl_2O_4$：Eu^{2+}，Dy^{3+} 发光材料含量为 0），光色向暖色调移动，无法形成蓝移效果。原因可以解释为：掺杂 THFS 稀土夜光纤维的光色是由三芳基硫锑六氟锑酸盐和稀土铝酸锶发光材料共同组成，当三芳基硫锑六氟锑酸盐含量保持不变而发光材料含量增加时，纤维中 $SrAl_2O_4$：Eu^{2+}，Dy^{3+} 发光颗粒的黄绿色光总量逐

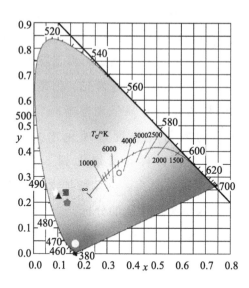

SrAl$_2$O$_4$:Eu^{2+},Dy^{3+}发光材料	CIE色度坐标		主波长/nm
	x	y	
0	0.1672	0.0468	440
3%	0.1512	0.2056	483
4%	0.1243	0.2197	485
5%	0.1461	0.2435	486
6%	0.0953	0.2462	487
7%	0.1302	0.2398	486

图 3-2　不同 SrAl$_2$O$_4$：Eu^{2+}，Dy^{3+} 发光材料含量的
夜光纤维 CIE1931 色度值

渐变大，而三芳基硫鎓六氟锑酸盐发出的蓝色光量不变，二者光色叠加后偏向暖色调，当纤维中发光材料吸收光能总量达到饱和后，可能会因荧光猝灭使其发光终止，因此，当发光材料含量增加到 6％左右时，光色开始向冷色调方向移动。

以上分析表明，随着 SrAl$_2$O$_4$：Eu^{2+}，Dy^{3+} 发光材料含量的增加，夜光纤维的发射峰位置未改变，纤维光色蓝移效果也不明显。

3.2.2 硫鎓盐掺杂量对夜光纤维光谱蓝移的影响

三芳基硫鎓六氟锑酸盐属于有机物，其发光性能主要取决于自身的化学结构。研究发现，三芳基硫鎓六氟锑酸盐分子结构中的共轭双键很容易被光激发产生荧光[10]。选取表 3-1 中的样品 6#、7#、3#、8#、9#，即三芳基硫鎓六氟锑酸盐掺杂浓度分别为 0.3%、0.4%、0.5%、0.6%、0.7%，制成了掺杂 THFS 的稀土夜光纤维并测试其发射光谱，确定纤维中三芳基硫鎓六氟锑酸盐含量的最优水平。三芳基硫鎓六氟锑酸盐含量对夜光纤维发射光谱的影响结果如图 3-3 所示。

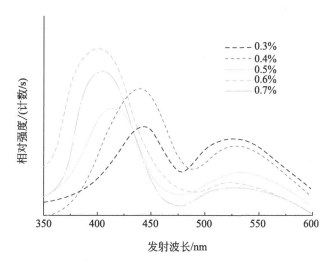

图 3-3　不同三芳基硫鎓六氟锑酸盐含量制得的
夜光纤维的发射光谱

从图 3-3 可以看出，掺杂 THFS 的稀土夜光纤维发射光谱为宽带双光谱，发射峰分别位于 400～450nm 范围和 520nm 附近。随着三芳基硫鎓六氟锑酸盐浓度的增加，位于 520nm 附近的发射峰波长几乎没变，但是，发射峰的相对强度逐渐降低，而 400～450nm 附近的发射峰强度呈现逐渐增大的趋势，当三芳基硫鎓六氟锑酸盐含量达到 0.5% 时其发射强度反而下降且发射光谱开始向短波方向移动，光谱产生蓝移。以上结果可以解释为：在 $SrAl_2O_4$：Eu^{2+}，Dy^{3+} 发光材料用量不变的前提下，三芳基硫鎓六氟锑酸盐浓度的增加，促使纤维内部 THFS 光引发材料吸收的光能增加，在保持激发光源总量不变的条件下，一定程度上减少了发光材料对光的反射和吸收，从而导致 $SrAl_2O_4$：Eu^{2+}，Dy^{3+} 发光材料中 Eu^{2+} 的 $4f^65d^1 \rightarrow 4f^7$ 跃迁能量较少，使得发光材料的及时发光和余辉发光逐渐减弱，位于 520nm 处的特征发射峰强度下降。但是，随着三芳基硫鎓六氟锑酸盐浓度的增加，分子结构中共轭双键获得充足的光能，通过 $S_1 \rightarrow S_0$ 跃迁、$S_2 \rightarrow S_0$ 跃迁，或者由高级激发三重态到低级激发三重态的跃迁产生荧光[11]，且荧光的特征发射峰位于 440nm 左右（第 2 章已经验证），由此可见，三芳基硫鎓盐共轭体系跃迁的光谱与 $SrAl_2O_4$：Eu^{2+}，Dy^{3+} 发光材料中 Eu^{2+} 跃迁的光谱叠加，使得最终纤维的发射光谱产生蓝移效果。

图 3-4 为添加 THFS 的稀土夜光纤维 CIE1931 发光色谱图和相关色谱数值，从图中可以看出，稀土铝酸锶夜光纤维（三芳基硫鎓六氟锑酸盐含量为 0）的发光光色位于黄绿色光区，主波长位于 520nm。随着三芳基硫鎓六氟锑酸盐含量的增多，主波长相对稀土铝酸锶夜光纤维逐渐减小，而发光光色逐渐向蓝色调光区偏移。同理，由第 2 章分析得知三芳基硫鎓六氟锑酸盐的发射峰在 440nm 左右，而在掺杂 THFS 的稀土夜光纤维中存在 $SrAl_2O_4$：Eu^{2+}，Dy^{3+} 发光材料和三芳基硫鎓六氟锑酸盐二者各自的特征峰，它们之间相互影响，通过光色叠加原理[12] 可获取纤维的发光光色。从 CIE1931 色度图中可以看出，掺杂不同浓度 THFS 的夜光纤维均位于蓝紫色光区，光色相对于稀土铝酸锶夜光纤维发生蓝移，且随着三芳基硫鎓六氟锑酸盐含量的增加，夜光纤维的蓝移效果更加明显。

以上分析表明，当三芳基硫鎓六氟锑酸盐含量达到 0.5% 时，其发射光谱开始向短波方向移动，随着浓度增加，光色也逐渐蓝移。

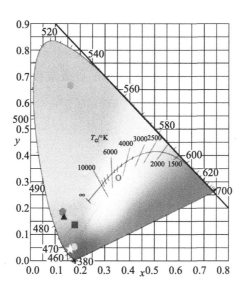

三芳基硫鎓盐光引发材料	CIE色度坐标		主波长/nm
	x	y	
● 0	0.2319	0.6577	520
⬠ 0.3%	0.1451	0.1819	483
▲ 0.4%	0.1479	0.1623	481
■ 0.5%	0.2086	0.1445	474
☆ 0.6%	0.1792	0.0498	460
✳ 0.7%	0.1974	0.0597	459

图 3-4   不同三芳基硫鎓六氟锑酸盐含量的夜光纤维 CIE1931 色度值

3.2.3   纺丝温度对夜光纤维光谱蓝移的影响

熔融纺丝温度的高低影响纤维中熔体的流动性，温度高，纤维熔体的流动性较好[13]，但是，随着温度的升高，纤维发光中心接受光子辐射出的能量是否也随之增大或者减少，发射光谱是否也随之改变，这些问题亟待研究。选取聚丙烯作为纺丝基材，选取表 3-1 中的样品 $10^{\#}$、$11^{\#}$、$3^{\#}$、$12^{\#}$、$13^{\#}$，即熔融纺丝温度分别为 210℃、230℃、250℃、

270℃、290℃，$SrAl_2O_4$：Eu^{2+}，Dy^{3+} 发光材料含量为 5％，三芳基硫鎓六氟锑酸盐掺杂量为 0.5％，PP 基材含量为 94.5％，制成了掺杂 THFS 的稀土夜光纤维并测试其发射光谱，进一步确定夜光纤维光谱蓝移的最佳纺丝温度，纺丝温度对纤维发射光谱的影响结果如图 3-5 所示。

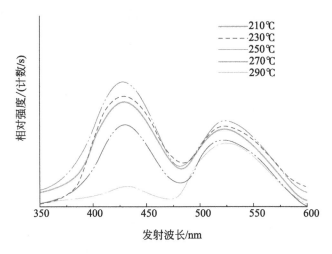

图 3-5　不同纺丝温度下制得的夜光纤维的发射光谱（λ_{ex}＝365nm）

由图 3-5 可知，采用不同纺丝温度制备的夜光纤维在波长为 365nm 的激发光激发下，位于 430nm 和 520nm 左右纤维的发射峰位置和峰形变化不大，但发射强度随着纺丝温度的升高呈现先增大后减小的趋势，且在 250℃ 的纺丝温度下，夜光纤维的发光强度达到最优效果，原因是合适的纺丝温度可以有效地促进纤维中发光分子或离子从高能级向低能级跃迁，使其光子能量达到最大。随着纺丝温度继续上升，夜光纤维中的有机物——三芳基硫鎓六氟锑酸盐开始分解，导致对光的吸收转换效率明显降低，位于 430nm 附近的发光强度明显减弱。但是，位于 520nm 左右纤维的发射峰减弱强度不明显，原因是纤维中 520nm 的发射峰来自 $SrAl_2O_4$：Eu^{2+}，Dy^{3+} 发光材料，该材料属于无机物，可耐 1000℃ 左右的高温。

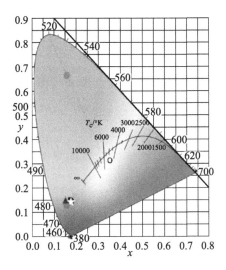

纺丝温度/℃		CIE 色度坐标		主波长/nm
		x	y	
●	250	0.2319	0.6577	520
✳	210	0.2258	0.1668	476
☆	230	0.2024	0.1532	475
■	250	0.2024	0.1532	475
▲	270	0.1593	0.1501	477
⬠	290	0.1632	0.1267	474

图 3-6　不同纺丝温度下制得的夜光纤维 CIE1931 色度值（$\lambda_{ex}=365nm$）

从图 3-6 可以看出，稀土铝酸锶夜光纤维的发光光色位于黄绿色光区，主波长分布在 520nm，随着纺丝温度从 210℃升高到 290℃，掺杂 THFS 稀土夜光纤维的发光颜色均位于蓝色光区域，主波长变化不大，因此，相对 $SrAl_2O_4$：Eu^{2+}，Dy^{3+} 夜光纤维光色均发生蓝移，而不同纺丝温度下制备的掺杂 THFS 稀土夜光纤维的光色蓝移不明显。

因此，以上分析可以说明熔融纺丝温度影响纤维发光性能，随着温度升高，纤维发光强度先增大后减小，而发射峰的峰位却没有显著的变化。

3.2.4 激发波长对夜光纤维光谱蓝移的影响

当激发光照射到掺杂 THFS 的稀土夜光纤维表面时，纤维中的三芳基硫鎓六氟锑酸盐和 $SrAl_2O_4$：Eu^{2+}，Dy^{3+} 发光颗粒会吸收相应能级的光能，通过不同种类的能量传递和电子跃迁产生光亮。因此，当激发光条件发生改变时，势必会影响纤维的激发能量分布，从而造成发射光谱随之改变。

选取表 3-1 中样品 3# 的制备方案（$SrAl_2O_4$：Eu^{2+}，Dy^{3+} 发光材料含量为 5%，THFS 掺杂量为 0.5%，PP 基材含量为 94.5%），分别设置激发波长为 290nm、315nm、340nm、365nm、390nm、415nm 作为检测变量，采用熔融纺丝的方法制成掺杂 THFS 的稀土夜光纤维，并检测不同激发波长下的发射光谱，进一步确定夜光纤维光谱蓝移的最佳激发波长，其中，激发波长对纤维发射光谱的影响结果如图 3-7 所示。

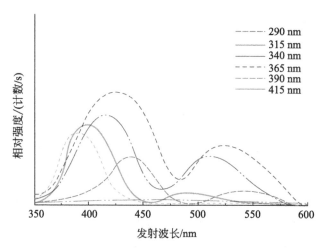

图 3-7 不同激发波长检测夜光纤维的发射光谱

从图 3-7 可以看出，位于 290nm 处的紫外光可以激发夜光纤维中的三芳基硫鎓六氟锑酸盐，从而使其发出 380nm 的波，而在 520nm 处未检测到夜光纤维中归属于 $SrAl_2O_4$：Eu^{2+}，Dy^{3+} 发光材料的发射谱线，原因是 $SrAl_2O_4$：Eu^{2+}，Dy^{3+} 发光材料的特征激发波长位于 360nm 附近[14-16]，而三芳基硫鎓六氟锑酸盐可以吸收紫外和可见光，且最大吸收波长不超过 400nm[17,18]。随着激发波长的增大，掺杂 THFS 稀土夜光纤维的发射光谱波动范围比较大，在不同波长的可见光（315~390nm）对纤维进行激发时，其发射光谱均呈现两个明显的发射峰，一个位于 380~450nm 范围处，另一个位于 480~550nm 范围处，分别归属于三芳基硫鎓六氟锑酸盐中共轭双键光解释放的电子跃迁和稀土发光材料中 Eu^{2+} 的 5d 电子能级跃迁，同时，随着激发波长的增大，其特征发射峰位置向长波方向移动。当采用 415nm 的检测波长激发夜光纤维样品时，纤维的发射光谱呈现直线状态，未检测到明显的发射谱线，但是，在 365nm 激发波长检测下，样品的双发射光谱最为明显，发射峰分别位于 430nm 和 520nm 附近，发光强度较其他波长激发下的纤维相对较高。由此可推断，掺杂 THFS 稀土夜光纤维的最大激发波长位于 365nm，特征发射峰位于 430nm 和 520nm 左右。

据之前研究发现，未添加 THFS 的夜光纤维在激发波长为 365nm 的条件下可以发射出一个 520nm 左右的特征发射峰[19-21]。纤维中掺杂三芳基硫鎓六氟锑酸盐后，同样在 365nm 的激发波长下可以检测出短波方向的另外一个发射峰，此发射峰与稀土铝酸锶夜光纤维相比，发射光谱蓝移，但是，当激发波长从紫外光增大到可见光的过程中，掺杂 THFS 稀土夜光纤维的发射光谱整体向长波方向移动，光谱明显红移。

图 3-8 是不同激发波长检测下的夜光纤维 CIE1931 色度值，由图可知，稀土铝酸锶夜光纤维的发光光色位于黄绿色光区，主波长分布在 520nm 附近。在激发波长从 290nm 增大到 390nm 的过程中，夜光纤维的主波长逐渐增大，其他纤维样品在 CIE1931 色度图上的发光颜色区域均位于蓝紫色范围，相对稀土铝酸锶夜光纤维光色明显蓝移。此外，随着激发波长的减弱，掺杂 THFS 稀土夜光纤维的光色主波长也随之减小，光色蓝移。

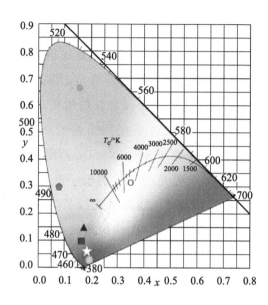

激发波长/nm	CIE 色度坐标		主波长/nm
	x	y	
● 365	0.2319	0.6577	520
✳ 290	0.2143	0.0445	380
☆ 315	0.2056	0.1692	450
■ 340	0.1945	0.0936	472
▲ 365	0.2081	0.1583	475
⬟ 390	0.1050	0.3037	491

图 3-8　不同激发波长检测下的夜光纤维 CIE1931 色度值

　　通过以上分析可知，纤维的激发波长影响其发射波长和光色，随着激发波长的不断减弱，夜光纤维的发射波长逐渐向短波长方向移动，发射峰蓝移，与此同时，发光主波长也向冷色调方向移动，光色也出现蓝移效果。

3.3 光谱蓝移纤维的发光机制

3.3.1 夜光纤维的能量传递机理分析

能量传递是固体发光过程中最为复杂且最为重要的一部分，在掺杂 THFS 的稀土夜光纤维能量传递研究中，存在三芳基硫鎓六氟锑酸盐和 $SrAl_2O_4：Eu^{2+}$，Dy^{3+} 发光材料两大能量传输体，三芳基硫鎓六氟锑酸盐中的大共轭结构使其具有很高的荧光量子产率，在紫外和可见光区存在较强的吸收带，可以有效地将吸收的光能传播出去[22]。根据 Forster 荧光共振能量转移理论可知，能量转移的过程依赖一对给体和受体，通过偶极耦合作用将激发的给体分子能量传递给受体，使其受体发射出光子，此过程发生的前提要求给体和受体之间的合适距离在 1～10nm 内[23]。由前面章节分析可推断，三芳基硫鎓六氟锑酸盐在夜光纤维纺丝过程中呈现黏流状态，$SrAl_2O_4：Eu^{2+}$，Dy^{3+} 发光材料随机紧密地分布在三芳基硫鎓六氟锑酸盐和聚丙烯的熔融基体中，保证了发光材料与三芳基硫鎓六氟锑酸盐的距离在 1～10nm 内。由此可见，在掺杂 THFS 稀土夜光纤维中存在 $SrAl_2O_4：Eu^{2+}$，Dy^{3+} 发光材料向三芳基硫鎓六氟锑酸盐的能量传递。

夜光纤维受光激发后的能量传递机制包括给体-受体（S-A）之间的能量传递和给体-给体（S-S）之间的能量迁移[24-26]。图 3-9 是纤维内发光材料和三芳基硫鎓六氟锑酸盐的能量传递示意图。从图 3-9 可以看出，具有共轭体系的三芳基硫鎓六氟锑酸盐作为能量给体起到一种"天线作用"，三芳基硫鎓六氟锑酸盐作为纤维发光给体部分，其分子中含有的共轭双键生色团能够吸收光能跃迁至激发态，处于激发态的分子可将多余的能量传递给 $SrAl_2O_4：Eu^{2+}$，Dy^{3+} 发光材料受体，由于稀土离子特定的电子构型，可以从共轭高分子体系中接受能量跃迁到激发态，当电子从激发态返回到基态时发射各离子的特征荧光。此外，该过程还伴随着三芳基硫镓六氟锑酸盐的光化学反应，即三芳基硫镓六氟锑酸盐受光分解产生活性的二苯基硫正离子自由基和活性的苯基自由基。其中，二苯基硫正离子自由基可以从纺丝基材——聚丙烯高聚物中或者 $SrAl_2O_4$ ：Eu^{2+}，Dy^{3+} 表面包覆的硅烷偶联剂中抓氢产生质子酸，从而引发三芳基硫镓六氟锑酸盐与有机高分子薄膜发生交联反应。

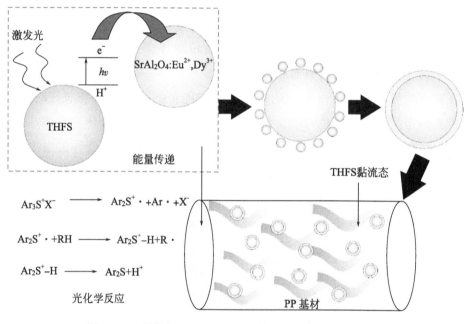

图 3-9　纤维中 $SrAl_2O_4$ ：Eu^{2+}，Dy^{3+} 发光材料和
三芳基硫镓六氟锑酸盐的能量传递示意图

图 3-10 是给体-受体（S-A）之间的能量传递机理图，从图中可以看出，S（给体）-A（受体）能量传递包含两种情况：第一种能量传递如图 3-10（a）所示，激发态的给体 S 通过无辐射弛豫将能量传递给与给体离子不同的离子受体 A，使其受到激发；第二种情况见图 3-10（b），激发态的给体 S 吸收光子，经过无辐射弛豫到一个中间能态，将能量传递给处于基态且与给体离子相同的离子 A，然后将其激发到一中间激发态，

即所谓的交叉弛豫过程。此外，稀土离子中被陷阱能级俘获的电子由于热扰动作用可能及时逃逸，产生瞬时发光。当激发光停止后，部分稀土离子中的缺陷能级将之前俘获的电子释放出来，再次产生光的跃迁，参与余辉发光。

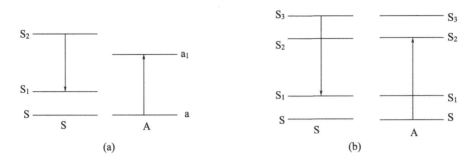

图 3-10　S-A 能量传递机理图

（a）不同分子或离子间的能量传递；（b）同种分子或离子间的交叉弛豫能量传递

　　图 3-11 是纤维内三芳基硫鎓六氟锑酸盐给体的 S-S 能量迁移图，从图中可以看出，受到激发的三芳基硫鎓六氟锑酸盐给体分子 S′无辐射跃迁到激发态，将能量传递给基态的给体分子 S，使其激发到相同的激发态。此过程的能量迁移可以使激发态的能量经过多次迁移后传递给受体 A 离子，无形中增大了 S-A 的传递效率，同时也解释了纤维发光呈现衰减趋势的原因。前面章节已经验证了三芳基硫鎓六氟锑酸盐可以在光激发下发出蓝色光，因此，可通过能量传递和迁移实现掺杂 THFS 稀土夜

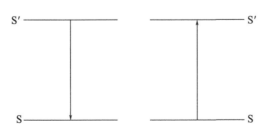

图 3-11　S-S 能量迁移图

光纤维发射光谱的蓝移。

由掺杂 THFS 稀土夜光纤维的能量传递机理可知，纤维的发光中心包括三芳基硫鎓六氟锑酸盐光解产生的二苯基硫正离子自由基释放 π 电子的瞬态特征光、$SrAl_2O_4$：Eu^{2+}，Dy^{3+} 发光材料中 Eu^{2+} 的及时发光以及发光材料陷阱能级中俘获电子产生的光能，被俘获的电子可以通过热扰动作用返回到激发态，接着再次返回基态时释放出能量并发出余辉光[27-29]。由此可见，今后实验可以通过调节基态和激发态之间的能级差来控制发射波长，或者通过掌握电子跃迁产生的电子数量来调节纤维的发光强度，再者可以通过增加受体 $SrAl_2O_4$：Eu^{2+}，Dy^{3+} 发光材料浓度或者给体三芳基硫鎓六氟锑酸盐的浓度来缩短给体与受体之间的距离，从而增大纤维内部的能量传递效率。但是，由于该夜光纤维是由三芳基硫鎓六氟锑酸盐、$SrAl_2O_4$：Eu^{2+}，Dy^{3+} 发光材料以及聚合物基材共混制成的，三芳基硫鎓六氟锑酸盐与聚丙烯基材融为一体，且稀土铝酸锶发光材料随机分布在纤维内部，仅有少量分布在纤维表面，因此，掺杂 THFS 稀土夜光纤维的激发发射过程要比纯的夜光纤维复杂得多。

3.3.2　夜光纤维的发光过程分析

掺杂 THFS 稀土夜光纤维的发光中心来自纤维内部 $SrAl_2O_4$：Eu^{2+}，Dy^{3+} 发光材料和三芳基硫鎓六氟锑酸盐，发光材料决定夜光纤维的发光性能，而添加 THFS 光引发材料以后，三芳基硫鎓六氟锑酸盐自身对光的吸收影响到发光材料对光的吸收，进而影响夜光纤维的发光性能。如 2.3.6 热学性能分析可知三芳基硫鎓六氟锑酸盐的熔点低于纺丝温度，在成型纤维中跟聚丙烯基材的存在状态一致，均呈现熔融结晶状态。根据前文对三芳基硫鎓六氟锑酸盐发光机理的阐述，结合以上发光性能分析的实验结论，对掺杂 THFS 稀土夜光纤维内部的发光过程进行了模拟。图 3-12 是发光过程模拟图，其中，$SrAl_2O_4$：Eu^{2+}，Dy^{3+} 发光材料附着在纤维内部，仅有极少量发光颗粒分布在纤维表面，而三芳基硫鎓六氟锑酸盐融入到纤维主体中，与纤维基材融为一体。但是，为了方便分析掺杂 THFS 稀土夜光纤维的发光过程，我们可以假设纤维基质为透明材料，纤维内部发光材料和三芳基硫鎓六氟锑酸盐对光的传播过程起主导性作用。

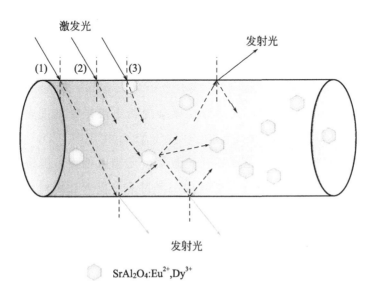

$SrAl_2O_4:Eu^{2+},Dy^{3+}$

图 3-12　掺杂 THFS 稀土夜光纤维的发光过程模拟图

图 3-12 中黄绿色颗粒代表 $SrAl_2O_4$：Eu^{2+}，Dy^{3+} 夜光粉，纤维中的蓝色部分代表三芳基硫鎓六氟锑酸盐，三芳基硫鎓六氟锑酸盐无形中影响了夜光纤维中 $SrAl_2O_4$：Eu^{2+}，Dy^{3+} 夜光粉的发光过程。加入三芳基硫鎓六氟锑酸盐以后，激发光在纤维中的传播可能会出现三种情况：①一部分光进入纤维中没有遇到 $SrAl_2O_4$：Eu^{2+}，Dy^{3+} 夜光颗粒［如图3-12 光路（1）］，在纤维中势必会遇到三芳基硫鎓六氟锑酸盐基体，使得三芳基硫鎓六氟锑酸盐受光激发后产生二苯基硫正离子自由基，该自由基释放的 π 电子受光激发产生新的光子，其中一部分光被纤维表面反射回纤维内部，而另一部分光子则通过折射反应射出纤维表面；②另一种情况见图 3-12 的光路（2），光子在传播过程中经过三芳基硫鎓六氟锑

酸盐的受光激发后发出特征光，在纤维中传播遇到稀土铝酸锶发光颗粒，将其激发后产生新的光子，接着光子的一部分折射出纤维，剩下的部分光能则反射回纤维内部；③最后一种发光路径比较少见，如图 3-12 中的光路（3），即光子直接照射到位于纤维表面的少数 $SrAl_2O_4$：Eu^{2+}，Dy^{3+} 夜光颗粒上，从而激发纤维中的稀土离子产生光子，这部分光能在纤维内部的传播过程继续重复光路（1）或者光路（2）。由此可见，以上三种情况产生的光子混合在一起构成了三芳基硫鎓六氟锑酸盐夜光纤维的最终发光部分。

事实上，三芳基硫鎓六氟锑酸盐掺杂的稀土夜光纤维发光过程比上述分析要复杂得多，纤维内部发光中心 $SrAl_2O_4$：Eu^{2+}，Dy^{3+} 夜光颗粒和三芳基硫鎓盐基体的发光离不开光激发、无辐射弛豫、能量传递和光输出四个主要过程[30]，光子在纤维内部经过多次反射和折射才能最终形成出射光，且在传播过程中的能量是逐渐减少的，如果光能无法达到激发纤维中两种发光材料所需要的能量，纤维将终止发光。因此，掺杂 THFS 稀土夜光纤维的发光性能除了取决于两种发光材料的光谱特性外，还与激发波长能量、$SrAl_2O_4$：Eu^{2+}，Dy^{3+} 发光材料添加量、三芳基硫鎓六氟锑酸盐含量和纺丝温度等其他相关因素有关，这些因素中任何一个发生改变都会影响纤维的发光过程，进而影响其发射曲线和光谱位移，夜光纤维光谱特性的影响因素将在第 4 章进行深入研究。

综上，本章采用熔融纺丝法制备了掺杂 THFS 的稀土夜光纤维，结合 $SrAl_2O_4$：Eu^{2+}，Dy^{3+} 发光材料含量、三芳基硫鎓盐光引发材料添加量、熔融温度和激发波长四个方面分析了影响 THFS 夜光纤维光谱蓝移的因素，通过对其发射光谱和发光色谱的研究得出以下结论：

① $SrAl_2O_4$：Eu^{2+}，Dy^{3+} 发光材料含量的改变没有对夜光纤维的发射峰造成影响，光色蓝移效果也不明显。但是，随着发光材料含量的增多，纤维内部 $SrAl_2O_4$：Eu^{2+}，Dy^{3+} 颗粒团聚现象加剧，部分发光材料因荧光猝灭在纤维内部被包埋而不能有效地接受光能，也无法得到三芳基硫鎓六氟锑酸盐给体传递的能量，激发和发射效率都明显降低，纤维

内部整体光能下降。

②　不同浓度三芳基硫鎓六氟锑酸盐制备的夜光纤维具有不同的发光强度，发射光谱曲线也各异。掺杂 THFS 夜光纤维的发射光谱为宽带双光谱，发射峰位于 400~450nm 范围和 520nm 附近，分别归属于三芳基硫鎓盐中共轭双键生色团的电子跃迁和稀土发光材料中 Eu^{2+} 离子的 $4f^6 5d^1 \rightarrow 4f^7$ 跃迁。随着 THFS 光引发材料浓度的增加，夜光纤维中 520nm 附近的发射峰位置未发生改变，发射峰强度下降，而位于 400~450nm 范围内的三芳基硫鎓六氟锑酸盐的特征发射峰位置和强度均发生改变，发射峰强度呈现逐渐增大的趋势，当含量达到 0.5% 后发射强度开始下降，发射光谱向短波方向移动，光谱产生蓝移。掺杂不同浓度 THFS 稀土夜光纤维的发光颜色在 CIE 色度图中位于蓝紫色光区，相对于发黄绿色光的稀土铝酸锶夜光纤维发生蓝移，且随着三芳基硫鎓六氟锑酸盐含量的增加，夜光纤维蓝移效果更加明显。

③　熔融纺丝温度影响夜光纤维光谱性能，随着温度升高，发射峰的峰位没有发生显著的变化，发光强度呈现先增大后减小的趋势，在 250℃ 的纺丝温度下，夜光纤维的发光强度达到最优。但是，随着纺丝温度继续上升，夜光纤维中的有机物——三芳基硫鎓六氟锑酸盐开始分解，导致对光的吸收转换效率明显降低，位于 430nm 附近的发光强度也明显减弱。不同纺丝温度下掺杂 THFS 稀土夜光纤维的发光颜色均位于蓝紫色光区域，主波长变化不大，光谱未发生蓝移，但是，与稀土铝酸锶夜光纤维相比，光色均发生蓝移。

④　掺杂 THFS 稀土夜光纤维的激发波长影响其发射波长和光色，随着激发波长的减弱，夜光纤维的发射波长逐渐向短波长方向移动，发射峰蓝移，与此同时，发光主波长向冷色调方向移动，光色也出现蓝移效果。

⑤　掺杂 THFS 稀土夜光纤维的发光原理较复杂，当激发光照射到纤维表面时，光子在纤维内部存在三芳基硫鎓六氟锑酸盐和发光材料之间的能量传递，并伴随着光化学反应，发光颜色为二者发射光叠加后的混合光色。

参考文献

[1] Wei X, Fan J, Zhou X, et al. Study on $Sr_2MgSi_2O_7$: Eu^{2+}, Dy^{3+} long-afterglow luminescent materials via sol-hydrothermal synthesis[J]. Transactions of the Indian Ceramic Society, 2017, 76(1): 50-55.

[2] 李婧, 朱亚楠, 陈志, 等. 绣花商标用夜光纤维的光效对比分析[J]. 纺织学报, 2015, 36(01): 77-80.

[3] 李婧, 葛明桥. 蓄能型夜光机绣织物的余辉亮度研究[J]. 化工新型材料, 2015, 43(9): 150-152.

[4] Li J, Chen Z, Ge M. Computer-aided design of luminous fiber embroidered fabric and characterization of afterglow performance[J]. Textile Research Journal, 2016, 86(11): 1162-1170.

[5] Yan Y, Ge M, Li Y, et al. Morphology and spectral characteristics of a luminous fiber containing a rare earth strontium aluminate[J]. Textile Research Journal, 2012, 82(17): 1819-1826.

[6] Shimizu Y, Ogasawara K, Sakakura H, et al. High luminance luminous fiber and process for producing the same[P]. U. S. Patent 6,162,539. 2000-12-19.

[7] Ge M, Guo X, Yan Y. Preparation and study on the structure and properties of rare-earth luminescent fiber[J]. Textile Research Journal, 2012, 82(7): 677-684.

[8] Guo X, Ge M. The afterglow characteristics and trap level distribution of chromatic rare-earth luminous fiber[J]. Textile Research Journal, 2013, 83(12): 1263-1272.

[9] 肖凯, 杨中民. Er^{3+} 掺杂钡镓锗玻璃上转换荧光淬灭机理研究[J]. 稀有金属材料与工程, 2008, 37(1): 80-84.

[10] 张洪, 李建雄, 刘安华. 阳离子光引发剂敏化的研究进展[J]. 影像科学与光化学, 2013, 31(1): 69-78.

[11] 陈云, 邵亚, 范丽娟. 共轭高分子材料荧光颜色的调节机理及方法[J]. 化学进展, 2014, 26(11): 1801-1810.

[12] 王帆, 张永安, 阳胜, 等. 基于 Matlab 仿真算法的光源空间相干性研究[J]. 激光与光电子学进展, 2017, 54(9): 092601.

[13] O'Haire T, Rigout M, Russell S J, et al. Influence of nanotube dispersion and spinning conditions on nanofibre nanocomposites of polypropylene and multi-walled carbon nanotubes produced through ForcespinningTM[J]. Journal of Thermoplastic Composite Materials, 2014, 27(2): 205-214.

[14] Fan G, Xiao G, Zhang Z, et al. Modification of optical properties of SrAl$_2$O$_4$: Eu^{2+}, Dy^{3+} phosphor by terbium doping[J]. Journal of the Chinese Ceramic Society, 2012, 40(1): 85-89.

[15] Huang S, Teng F, Xu Z. Electrooptical properties of nanoscale and bulk SrAl$_2$O$_4$: Eu, Dy[J]. Spectroscopy and Spectral Analysis, 2009, 29(12): 3220-3222.

[16] 王文杰, 杨志平, 郭智, 等. 不同基质和稀土含量对 SrAl$_2$O$_4$: Eu^{2+}, Dy^{3+} 材料余辉特性的影响[J]. 河北大学学报 (自然科学版), 2004, 24(2): 138-142.

[17] Lalevée J, Blanchard N, Tehfe M A, et al. Efficient dual radical/cationic photoinitiator under visible light: a new concept[J]. Polymer Chemistry, 2011, 2(9): 1986-1991.

[18] Crivello J V. The discovery and development of onium salt cationic photoinitiators[J]. Journal of polymer science part A Polymer Chemistry, 1999, 37(23): 4241-4254.

[19] Bortz T E, Agrawal S, Shelnut J G. Photoluminescent fibers, compositions and fabrics made therefrom[P]. U. S. Patent 8, 207, 511. 2012-6-26.

[20] Zhang J, Mingqiao G E. Effects of transparent inorganic pigment on spectral properties of spectrum-fingerprint anti-counterfeiting fiber containing rare earths[J]. Journal of Rare Earths, 2012, 30(9): 952-957.

[21] Li J, Chen Z, Ge M Q. Researches on preparation and luminescent properties of chromatic rare-earth fiber based on SrAl$_2$O$_4$: Eu^{2+}, Dy^{3+} [J]. Journal of optoelectronics and advanced materials, 2016, 18(3-4): 288-293.

[22] 张巽, 胡君, 巨勇. 基于蒽骨架衍生物的结构与组装性能[J]. 中国科学: 化学, 2016, 9: 848-858.

[23] 吴伟兵, 王明亮, 景宜, 等. 聚苯乙烯微球中荧光共振能量转移的研究[J]. 南京林业大学学报: 自然科学版, 2011, 35(2): 83-87.

[24] 陈美华, 潘峥, 尹月锋, 等. 基于 I 型核壳量子点的宽光谱响应的高效能量转移体系[J]. 化学学报, 2016, 74(4): 330-334.

[25] 许少鸿. 固体发光[M]. 北京: 清华大学出版社, 2011.

[26] Yen W M, selzer P M. Laser spectroscopy of solids[M]. Springer Science & Business

Media，2013.

［27］ Ping H，Cai E C，Sen W. Synthesis and characterization of $Sr_3Al_2O_6$ ： Eu^{2+} ，Dy^{3+} phosphors prepared by sol-gel-combustion processing［J］. Chinese Physics B，2009，18(10)：4524.

［28］ Son N M，Trac N N. Synthesis of $SrAl_2O_4$ ： Eu^{2+} ，Dy^{3+} phosphorescence nanosized powder by combustion method and its optical properties［C］. Journal of Physics：Conference Series，IOP Publishing，2009，187(1)：12-17.

［29］ Kostova M H，Zollfrank C，Batentschuk M，et al. Bioinspired design of $SrAl_2O_4$ ： Eu^{2+} phosphor［J］. Advanced Functional Materials，2009，19(4)：599-603.

［30］ 王殿元. 稀土发光体系中能量传递模型和上转换发光研究及双光子跃迁线强计算［D］. 北京：中国科学技术大学，2003.

第4章

夜光纤维光谱颜色的模拟计算

由前几章研究结果可知，掺杂 THFS 的夜光纤维发射光谱相对纯夜光纤维发生了改变，发光强度降低，发射峰位向短波方向移动，光色发生蓝移。掺杂 THFS 稀土夜光纤维的发光光源来自 $SrAl_2O_4$：Eu^{2+}，Dy^{3+} 发光材料和三芳基硫鎓六氟锑酸盐，归属于无机物和有机物发光组成的共混光色，因此，对其光色的判断和实现数据化光色模拟成为一大难题。

随着自动化现代工业的发展，传统的人眼识别颜色的方法逐渐被淘汰，取而代之的是 RGB 颜色空间设置法[1-3]、模糊 C 均值（FCM）聚类算法[4-7]、HIS 空间颜色分割[8,9]、K-means 分层聚类法[10-13]、学习向量量化（LVQ）神经网络[14] 等数据化颜色处理方法。但是，这些方法均不能够全面客观地划分颜色，仍然存在一定的局限性。1853 年，赫尔曼·格拉斯曼[15] 指出了几乎所有颜色都可以通过三原色按照一定的比例混合而成，提出了颜色相加混合的基本原理，为颜色测量和匹配提供了理论基础。值得关注的是，格拉斯曼的色彩相加混合理论同样适用于光色的加法混色。

夜光纤维的光色识别指在无光照条件下纤维中发光材料发出的光谱颜色，是一种非常主观的感受。闫彦红等[16] 从颜色的三个基本要素（色相、纯度和明度）方面对比了夜光纤维的颜色性能和光色性能，分析了纤维颜色与光色之间的关系。朱亚楠[17] 通过模拟计算出纤维光色的色度坐标，验证了实际测量的光色数值与理论计算值基本吻合。目前，研究夜光纤维光色的文献不多，尚未出现一种可以合理、有效地识别夜光纤维光谱颜色的方法。

为了方便对添加 THFS 的稀土夜光纤维发光颜色进行识别和计算，从标准色度学角度入手，设计出一种基于 CIE（国际照明委员会）1931XYZ 标准色度系统[17-20] 的纤维光色辨别方法，即一种可以通过色坐标计算斜率的分区查询方法，经过试验验证，提出的光色识别方法可以快速、有效地判断夜光纤维的发光颜色，为蓝色光夜光纤维的开发和技术的标准化提供了理论依据。

4.1 模拟计算原理

为了对添加 THFS 的稀土夜光纤维光色加以识别，采用基于国际照明委员会（CIE1931）的颜色空间来模拟计算夜光纤维的光色。掺杂 THFS 稀土夜光纤维的光色是由其主波长来决定的，本章将使用常见的 RGB 色彩空间与 XYZ 色彩空间的转换实现对样品光谱的识别。RGB 色彩空间[21] 是由红（red）、绿（green）、蓝（blue）三种颜色按照一定的比例混合后形成的三道色彩空间。图 4-1 是 RGB 色彩空间的立体图。

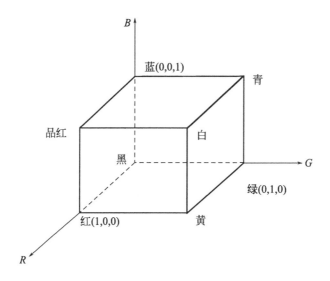

图 4-1 RGB 色彩空间[21]

如图 4-1 所示，RGB 色彩空间可以用带有笛卡尔坐标系统的正方体表示。其中，正方体中三个坐标轴分别代表红、绿、蓝三色[21]。通常情况下，位于立方体范围内的任何一个颜色值都是三原色按照不同比例混合后的颜色，所以每种颜色都可以用 R、G、B 三个参数来表示，但是，在不同光照环境下 RGB 色彩空间不仅可以描述颜色信息，还包含了亮度信息，其表示颜色范围较广泛，不方便直接用来建立色彩的特征模型，因此，可以通过数值转化 RGB 色彩空间，去除颜色空间中的亮度值，保留颜色分值，对 RGB 色彩空间进行归一化处理，可以用其中两个量来表示一种颜色，使用色度空间（r，g，b）来表示色彩信息，得到转换后的 RGB 色彩空间[22] 表达式如下：

$$\begin{cases} r = \dfrac{R}{R+G+B} \\[2mm] g = \dfrac{G}{R+G+B} \\[2mm] b = \dfrac{B}{R+G+B} \end{cases} \tag{4-1}$$

式中，r、g、b 为色度坐标。但是 r、g、b 只是比值，光照强度对其不会产生影响，故采用 RGB 色彩空间可避免光照影响样品的图像颜色。由于部分颜色在三原色匹配后出现纯度太高的问题，需要通过添加某一种原色实现对 RGB 三原色的匹配，但是，这样又容易在 CIE1931 RGB 系统中出现坐标为负值的情况，对颜色匹配不方便，为了解决以上问题，可以将 CIE1931 RGB 系统的坐标变换成 CIE1931 XYZ 系统[23]。X、Y、Z 可作为 R、G、B 三原色之外假想的一组三原色，X、Y、Z 与 R、G、B 之间的转换公式为：

$$\begin{bmatrix} x \\ y \\ z \end{bmatrix} = \begin{bmatrix} 0.490 & 0.310 & 0.200 \\ 0.177 & 0.812 & 0.010 \\ 0.000 & 0.010 & 0.990 \end{bmatrix} \times \begin{bmatrix} R \\ G \\ B \end{bmatrix} \tag{4-2}$$

式中，Y 既代表颜色又代表亮度，而 X，Z 只代表色度，与亮度无关。在 CIE1931 XYZ 颜色空间系统中，任何一种颜色 C 可以表示为：

$$C = xX + yY + zZ \tag{4-3}$$

式中，X 表示假想红色；G 表示假想绿色；B 表示假想蓝色；x，

y，z 为匹配 C 所得的标准基色的值。对式（4-3）进行规范化：

$$
\begin{cases}
x = \dfrac{X}{X+Y+Z} \\[2mm]
y = \dfrac{Y}{X+Y+Z} \quad x+y+z=1 \\[2mm]
z = \dfrac{Z}{X+Y+Z}
\end{cases}
\tag{4-4}
$$

对于规范化后的式（4-4），参数 x，y 称为色度值。在 CIE1931 XYZ 色度空间中，由 X，Y，Z 所构成的光谱轨迹内的色度坐标都是正值，且可以用坐标 x，y 识别二维坐标上的颜色。将位于 $380\sim780\mathrm{nm}$ 的所有可见光谱中的颜色规范化，可绘制得到一个光色轨迹的舌形曲线，如图 4-2 所示。图中 x 代表红色坐标量，y 代表绿色坐标量，E 代表光源点（白光），坐标位于（0.33，0.33），色温在 5500K，CIE1931 XYZ 系统色度曲线代表了所有颜色的色域范围，其数值可根据 CIE1931 XYZ 标准色度通过换算得到。此外，将式（4-2）代入式（4-4）中可得到 RGB 系统色度坐标（r，g，b）到 XYZ 系统色度坐标（x，y，z）之间的转换公式 [式（4-5）]。

$$
\begin{cases}
x = \dfrac{X}{X+Y+Z} = \dfrac{0.490r+0.310g+0.200b}{0.667r+1.132g+1.200b} \\[3mm]
y = \dfrac{Y}{X+Y+Z} = \dfrac{0.177r+0.812g+0.010b}{0.667r+1.132g+1.200b} \\[3mm]
z = \dfrac{Z}{X+Y+Z} = 1-x-y
\end{cases}
\tag{4-5}
$$

综上所述，将测试出的（R，G，B）颜色值代入式（4-5）中可以计算出样品在 CIE1931 色度图中的位置，因此，CIE1931 XYZ 色度图具有潜在的实用价值，任何颜色包括本书制备的掺杂 THFS 稀土夜光纤维的光色都可以在此显示出来。通过 CIE1931 XYZ 色度图，可显示基色组的颜色范围，也可以计算颜色的主波长和色纯度。

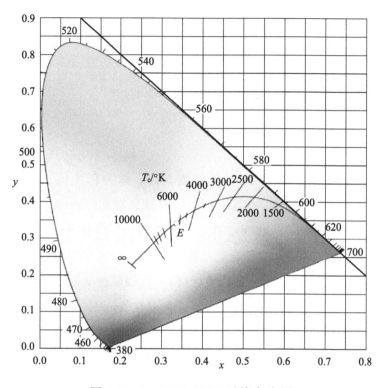

图 4-2　CIE1931 XYZ 系统色度图

4.2　硫镓盐掺杂夜光纤维的制备

4.2.1　$SrAl_2O_4$：Eu^{2+}，Dy^{3+} 发光材料的制备

参见第 2 章发光材料 $SrAl_2O_4$：Eu^{2+}，Dy^{3+} 的微波法制备，微波功率 900W，微波时间 2h，助熔剂 H_3BO_3 含量为原料总量的 5%（摩尔分数），煅烧温度为 1400℃，自然降温。表 4-1 是 $SrAl_2O_4$：Eu^{2+}，Dy^{3+} 稀土发光材料的制备方案。

表 4-1　$SrAl_2O_4$：Eu^{2+}，Dy^{3+} 稀土发光材料的制备方案

原料配方	微波温度/℃	恒温时间/h	微波功率/W	降温方式
按照化学通式 $SrAl_2O_4$：$Eu^{2+}_{0.025}$，$Dy^{3+}_{0.025}$ 进行原料配比，H_3BO_3 的加入量为混合物总量的 5%（摩尔分数）	1400	2	900	自然冷却

4.2.2　掺杂三芳基硫鎓六氟锑酸盐夜光纤维的制备

　　按照第 2 章所述掺杂三芳基硫鎓六氟锑酸盐稀土夜光纤维的制备方法，选择比较成熟的熔融纺丝法制备蓝色光夜光纤维。将自制的经过偶联剂 KH550 改性的稀土铝酸锶发光材料与聚合物 PP 切片、三芳基硫鎓六氟锑酸盐混合，经预处理后，在 250℃ 的熔融温度下制得不同规格的夜光丝。表 4-2 是掺杂 THFS 夜光纤维的制备方案。

表 4-2　掺杂 THFS 夜光纤维的制备方案

序号	原料配方	纺丝温度/℃	拉伸倍数
1	PP 切片：$SrAl_2O_4$：Eu^{2+}，Dy^{3+} 发光材料：THFS=95%：5%：0%	250	2.9
2	PP 切片：$SrAl_2O_4$：Eu^{2+}，Dy^{3+} 发光材料：THFS=94.5%：5%：0.5%	250	2.9

4.3　夜光纤维光谱颜色的验证与分析

4.3.1　性能测试

　　采用杭州浙大三色仪器有限公司的 PR-650 光谱辐射仪测试蓝色光

夜光纤维的色度坐标。检测光源选用国际照明委员会（CIE）推荐的代表日光的 D65 标准光源，视角选择 10°，色温 6500K，显色指数 $R_a =$ 95[24]。

4.3.2　验证分析

（1）测试-作图法

通过光谱分析仪对掺杂 THFS 的稀土夜光纤维、未添加 THFS 的稀土夜光纤维、三芳基硫鎓六氟锑酸盐以及 $SrAl_2O_4$：Eu^{2+}，Dy^{3+} 发光材料进行光色测试，得出四组不同样品的色度坐标（见图 4-3），由色度坐标标出样品在 CIE1931 色度图上发光颜色的具体位置，并将该点与色度图上的光源点 E 相连后得到一条直线，该直线与光谱轨迹的交点就是样品的主波长点。依据色光的加法混合理论[25]，采用色光矢量相加作图法作出掺杂 THFS 的稀土夜光纤维的色光区域，图 4-3 是样品的色度坐标位置和光色相加矢量图。

图 4-3（a）是样品的色度坐标，A 表示 $SrAl_2O_4$：Eu^{2+}，Dy^{3+} 发光材料的色度坐标，B 表示三芳基硫鎓六氟锑酸盐的色度坐标，因为掺杂 THFS 稀土夜光纤维的发光颜色来自纤维中的 $SrAl_2O_4$：Eu^{2+}，Dy^{3+} 发光材料和三芳基硫鎓六氟锑酸盐，因此，可以通过图 4-3（b）光色相加作图法绘出掺杂 THFS 稀土夜光纤维在 CIE1931 色度图中的位置（M），作图法确定样品 M 位置的具体步骤如下：连接图 4-3（b）中矢量 $\vec{a}$（$SrAl_2O_4$：Eu^{2+}，Dy^{3+} 发光材料色度坐标点）和矢量 $\vec{b}$（三芳基硫鎓六氟锑酸盐色度坐标点），成一条直线，矢量 $\vec{a}$ 和矢量 $\vec{b}$ 之间存在一个合成的中间光色矢量 $\vec{c}$，在矢量 $\vec{c}$ 的垂直方向上可以作出一对大小相等但方向相反的 $\vec{ha}$ 矢量和 $\vec{hb}$ 矢量，且这对矢量的模 $|\vec{ha}| = |\vec{hb}|$，连接 $\vec{ha}$ 和 $\vec{hb}$ 矢量垂点可绘制成一条直线，延长该直线与矢量 $\vec{a}$ 和矢量 $\vec{b}$ 的连接线交于 M 点，该点就是掺杂 THFS 稀土夜光纤维的色度坐标点，在

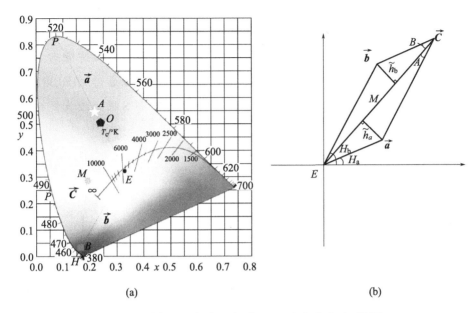

图 4-3 样品的色度坐标位置和光色相加矢量图

图 4-3（a）中样品 M 位于蓝色光区。通过样品的光色相加矢量图可以推导出矢量 $\vec{a}$ 和矢量 $\vec{b}$ 相加合成矢量 $\vec{c}$ 的模，即

$$c = \sqrt{a^2 + b^2 + 2ab\cos\theta} \tag{4-6}$$

矢量 $\vec{c}$ 的位相公式表示为：

$$B = \mathrm{arccot}\left(\frac{a + b\cos\theta}{b\sin\theta}\right) \text{ 或 } B = \mathrm{arccot}\left(\frac{b\sin\theta}{a + b\cos\theta}\right) \tag{4-7}$$

$$H_c = H_b + B \tag{4-8}$$

此外，从样品的色度坐标图 4-3（a）中可以看出，连接光源点 E 与 M 点并延长与光谱图相交于点 P，该点即掺杂 THFS 稀土夜光纤维的主波长点，位于 487nm 附近的蓝色光区域，而 O 点代表未掺杂 THFS 的夜光纤维。同理，连接光源点 E 与 O 点并延长与光谱图相交于点 F，F 代表 520nm 的纯夜光纤维主波长点。以上数据表明：掺杂 THFS 夜光纤维的光色相对纯夜光纤维光色发生了蓝移，原因是掺杂三芳基硫鎓六氟锑酸盐后，该材料中共轭双键生色团可以吸收紫外光并发出位于440nm的蓝色光，使得夜光纤维在发光过程中受到三芳基硫鎓六氟锑酸盐蓝色光的牵引，光色向冷色调方向移动。与此同时，还可以通过CIE1931色度图上的坐标值计算样品的饱和度。其中，掺杂THFS稀土夜光纤维的饱和度公式表示为：

$$P_m = \frac{\overline{EM}}{\overline{EP}} = \frac{x_m - x_e}{x_p - x_e} \tag{4-9}$$

式中，x_e、x_p、x_m分别为点E、P、M在色度图中的横坐标。依据光色三刺激值相关文献可计算得到光源点E的色度坐标（x_e，y_e）为（0.327，0.325），P点的色度坐标（x_p，y_p）为（0.0573，0.2492）。同时，还可以根据式（4-9）计算掺杂THFS的稀土夜光纤维、未添加THFS稀土夜光纤维、三芳基硫鎓六氟锑酸盐以及$SrAl_2O_4$：Eu^{2+}，Dy^{3+}发光材料的光色饱和度。根据样品的色度坐标图4-3（a）可得到：F点的色度坐标（x_f，y_f）为（0.0695，0.8334），H点的色度坐标（x_h，y_h）为（0.1595，0.0334），此外，结合光谱分析仪可以测试出A、B、O、M四组样品的色度坐标，最终得到样品的光色坐标和饱和度如表4-3所示。

表 4-3　样品的光色坐标和饱和度

样品	CIE 色度坐标		饱和度 P /%
	x	y	
A-$SrAl_2O_4$：Eu^{2+}，Dy^{3+} 发光材料	0.2354	0.5532	34.80
B-三芳基硫鎓六氟锑酸盐	0.1798	0.0476	87.73
O-未添加 THFS 的稀土夜光纤维	0.2469	0.5045	30.33
M-掺杂 THFS 的稀土夜光纤维	0.1902	0.2943	49.98

通过表 4-3 可以看出，M 点光谱分析测试值与通过色光相加矢量法作出的掺杂 THFS 稀土夜光纤维的色坐标值比较接近，表明可以采用该光色相加矢量方法对有机掺杂的夜光纤维光色值进行定位。$SrAl_2O_4$：Eu^{2+}，Dy^{3+} 发光材料的饱和度大于未添加 THFS 夜光纤维，三芳基硫鎓六氟锑酸盐的饱和度也远远大于其掺杂的稀土夜光纤维，原因是因为样品光色的饱和度取决于其鲜艳程度。通常情况下，光色饱和度包括发光颜色的含色成分和消色成分，其饱和度也可以用纯度来表示，纯度越高，含色成分越大，则饱和度就越大。因此，可以解释 $SrAl_2O_4$：Eu^{2+}，Dy^{3+} 发光材料和三芳基硫鎓六氟锑酸盐的光色相对其掺杂的夜光纤维都是高度饱和的。由此可见，样品光色的纯度变化能够产生强弱不同的色相，从侧面验证了有机高分子发光材料的掺杂可以有效丰富夜光纤维的光色范围。

（2）斜率划分计算法

通过光谱色坐标计算得到斜率的方法，在 CIE 色度图上划分颜色区域来确定添加 THFS 稀土夜光纤维的光色位置。具体方法如下：计算光谱轨迹（x，y）与白点（x_e，y_e）的斜率，见式（4-10）。

$$k = \frac{y - y_e}{x - x_e} \tag{4-10}$$

式中，k 为样品的斜率，按照 CIE1931 规定的三刺激值计算得到光源点 E 的色度坐标：$x_e = 0.327$，$y_e = 0.325$，然后根据斜率与波长的关系将色度图划分为 9 个区域，具体划分标准如表 4-4 所示。

表 4-4 CIE1931 色度图的斜率和颜色划分标准

区域	颜色	x 坐标	斜率标准
1	紫色	$x > 0.327$	$k \leqslant -0.1599$
2	红色	$x > 0.327$	$-0.1599 < k \leqslant 0.2591$

区域	颜色	x 坐标	斜率标准
3	橙色	$x>0.327$	$0.2591<k\leqslant0.8581$
4	黄色	$x>0.327$	$k>0.8581$
5	黄色	$x<0.327$	$k\leqslant-4.2261$
6	黄绿色	$x<0.327$	$-4.2261<k\leqslant-0.6476$
7	绿色	$x<0.327$	$-0.6476<k\leqslant0.1230$
8	蓝色	$x<0.327$	$0.1230<k\leqslant2.0738$
9	紫色	$x<0.327$	$k>2.0738$

从表 4-4 可以看出，通过 x 坐标和坐标对应的斜率范围可以将 CIE1931 色度系统划分成 9 个区域，且由三刺激值计算得到的斜率分区对应色度图中的一种颜色，然后可以根据颜色和斜率的划分计算掺杂 THFS 稀土夜光纤维的光色位置。此外，对色度图进行颜色区域分割，得到 9 个不同色彩区域对应的颜色分割图，如图 4-4 所示。

从图 4-4 可以看出，CIE1931 色度图被划分为 9 个区域，所有的光谱色都分布在此舌形曲线的边缘或内部，波长从 400～700nm 沿顺时针方向依次经过紫色、蓝色、绿色、黄绿色、黄色、橙色、红色，最后再过渡到紫色。从紫色到红色的直线部分不显示在光谱上，该部分属于紫红色，即绛色。

4.3.3 测试结果与模拟计算的验证对比分析

待测样品为掺杂 THFS 的稀土夜光纤维（记为 M）和未添加 THFS 的稀土夜光纤维（记为 O），在计算样品斜率之前，首先需要通过光谱分析仪分别测出样品 M 和 O 的 R、G、B 数值，即 M 点 $(R，G，B)$ 为 $(0，175，213)$，O 点 $(R，G，B)$ 为 $(159，215，0)$。结合 CIE1931

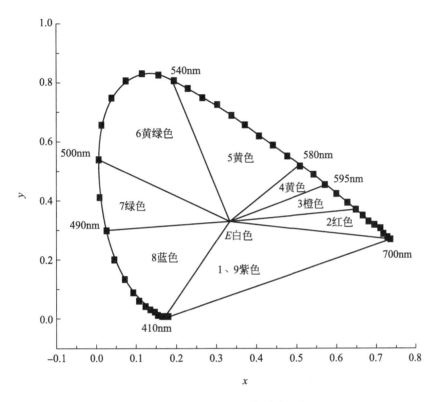

图 4-4　CIE1931 颜色分割图

推荐的标准照明体数据和标准光源，根据公式计算出掺杂 THFS 稀土夜光纤维和未添加 THFS 稀土夜光纤维的色坐标值（r，g，b），即 O 点坐标（r_o，g_o，b_o）为（0.4251，0.5749，0），M 点坐标（r_m，g_m，b_m）为（0，0.4083，0.5917），最后根据公式分别将色坐标值（r，g，b）从 RGB 色度空间转换到 XYZ 色度空间，计算得到最终光色（x，y）的色坐标值。即 O 点坐标为 $x_o = 0.2334$，$y_o = 0.5002$，M 点坐标为 $x_m = 0.1857$，$y_m = 0.2846$。

根据斜率计算公式（4-10），通过上述 O 点和 M 点在 CIE1931XYZ 色度空间下的色度坐标值计算出 O 点和 M 点连接光源点 E 的斜率 k_o 和 k_m，得到模拟计算结果为：$k_o = -2.7265$（$-4.2261 < k \leqslant -0.6476$），

$k_m = 1.0882$ （$0.1230 < k \leqslant 2.0738$）。通过查看表 4-4 色度图的斜率和颜色划分标准，得知掺杂 THFS 的稀土夜光纤维位于第 8 光色区，为蓝色光，未添加 THFS 稀土夜光纤维属于第 6 发光色区，为黄绿色光。此结果与测试-作图法定位样品坐标的结果基本吻合。从整体结果可以得出，采用色坐标计算斜率的分区查询方法识别光色具有很高的准确性。

综上，本章通过 CIE1931 XYZ 色度空间比较了掺杂 THFS 夜光纤维和未添加 THFS 夜光纤维光色的实际测量值和斜率模拟计算得出的数值，证明了斜率划分光色的结果与实际测量值基本吻合。具体结论如下：

① 通过测试-作图法得到的添加 THFS 稀土夜光纤维的色度值位于 CIE1931 色度图上的蓝色光区域，而通过斜率划分法模拟计算得到的光色数值也落在蓝色光区域。掺杂 THFS 夜光纤维和未添加 THFS 夜光纤维的光色测试值与模拟计算结果基本一致，表明掺杂 THFS 的稀土夜光纤维相对纯夜光纤维发生了光色蓝移。

② 采用斜率模拟计算划分光色区域的方法具有运算速度快、计算量相对较小的优势，避免了夜光纤维光色标定的模糊性，可以作为夜光纤维光色的理论识别模型，具有潜在的应用价值。

参考文献

[1] 黄国祥. RGB 颜色空间及其应用研究[D]. 长沙：中南大学，2002.

[2] 杨璟，朱雷. 基于 RGB 颜色空间的彩色图像分割方法[J]. 计算机与现代化，2010 (8)：147-171.

[3] 王涛，胡事民，孙家广. 基于颜色-空间特征的图像检索[J]. 软件学报，2002，013 (010)：2031-2036.

[4] 孙晓霞，刘晓霞，谢倩茹. 模糊 C-均值（FCM）聚类算法的实现[J]. 计算机应用与软

件，2008，25(3)：48-50.

[5] Cacciari M，Salam G P，Soyez G. The anti-kt jet clustering algorithm[J]. Journal of High Energy Physics，2008(04)：063.

[6] Hartigan J A，Wong M A. Algorithm AS 136：A k-means clustering algorithm[J]. Journal of the Royal Statistical Society，Series C（Applied Statistics），1979，28(1)：100-108.

[7] Kanungo T，Mount D M，Netanyahu N S，et al. An efficient k-means clustering algorithm：Analysis and implementation[J]. IEEE transactions on pattern analysis and machine intelligence，2002，24(7)：881-892.

[8] 黄飞，吴敏渊，曹开田. 基于 HIS 空间的彩色图像分割[J]. 小型微型计算机系统，2004，25(3)：471-474.

[9] 尹建军，王新忠，毛罕平，等. RGB 与 HSI 颜色空间下番茄图像分割的对比研究[J]. 农机化研究，2006 (11)：171-174.

[10] 张建萍，刘希玉. 基于聚类分析的 K-means 算法研究及应用[J]. 计算机应用研究，2007，24(5)：166-168.

[11] Celebi M E，Kingravi H A，Vela P A. A comparative study of efficient initialization methods for the k-means clustering algorithm[J]. Expert systems with applications，2013，40(1)：200-210.

[12] Wagstaff K，Cardie C，Rogers S，et al. Constrained k-means clustering with background knowledge[C]. ICML，2001，1：577-584.

[13] Chen T S，Tsai T H，Chen Y T，et al. A combined K-means and hierarchical clustering method for improving the clustering efficiency of microarray[C]. Intelligent Signal Processing and Communication Systems，2005，ISPACS 2005，Proceedings of 2005 International Symposium on，IEEE，2005：405-408.

[14] Melin P，Amezcua J，Valdez F，et al. A new neural network model based on the LVQ algorithm for multi-class classification of arrhythmias[J]. Information sciences，2014，279：483-497.

[15] Wyzecki G，Stiles W S. Color science：concepts and methods，quantitative data and formulae[M]. Second Edition. New York：Wiley-Interscience，2000.

[16] 闫彦红，葛明桥. 彩色夜光纤维颜色及其光色性能[J]. 纺织学报，2014，35(4)：11-15.

[17] 朱亚楠. 氧蒽衍生物对稀土夜光纤维光谱红移影响研究[D]. 无锡：江南大学，2014：60-65.

[18] 喻钧，刘飞鸿，王占锋，等. 基于光谱色的迷彩主色提取方法[J]. 兵工自动化，2014（1）：72-75.

[19] 郭惠楠，曹剑中，王华，等. 高动态范围数字相机 sRGB 色彩空间颜色管理[J]. 红外与激光工程，2014，43(S1)：238-242.

[20] Zou Z，Sui C，Chen X. Colorimetric Measurement system and its algorithm based on linear array CCD[J]. 2013.

[21] Collins R T，Lipton A J，Kanade T，et al. A System for Video Surveillance and Monitoring[J]. International Topical Meeting on Robotics & Remote Systems，2000，59(5):329-337.

[22] Golland P，Bruckstein A M. Why RGB or How to design color displays for martians [J]. Graphical Models & Image Processing，1996，58(5):405-412.

[23] Martínez J A，Pérez-Ocón F，García-Beltrán A，et al. Mathematical determination of the numerical data corresponding to the color-matching functions of three real observers using the RGB CIE-1931 primary system and a new system of unreal primaries $X'Y'Z'$[J]. Color Research & Application，2003，28(2)：89-95.

[24] Zhang M，Wu J. Chemical composition and chromaticity characteristic of purple-gold glaze of Jingdezhen imperial kiln[J]. Spectroscopy and Spectral Analysis，2014，34(3)：827-832.

[25] 庞多益，庞也驰，李志杰，等. 用复频谱解析光色加法混合[J]. 中国印刷与包装研究，2010 (S1)：72-75.

第5章

夜光纤维的应用

5.1 刺绣商标用夜光纤维的光效对比分析

随着服装的发展与流行趋势的不断更新，商标发挥着不可忽视的作用。2009年，赵越[1] 发明了一种表面设有荧光技术的服装商标体，并申请了专利。该商标可在夜间光线不足的条件下给穿着者照明，同时对服装起到装饰作用。王雅冰等[2] 以夜光纤维为绣线和绣底，通过搭配普通绣线和绣底，设计开发了夜光手工绣品，为夜光纤维应用于工艺品设计、家纺及服装设计打下基础。因此，对于刺绣商标的设计，除了从外在款式和针迹手法上入手，还可从纤维及绣线的功能性方面寻求突破。

本章采用具有特殊视觉效果的夜光绣线和夜光绣底为主要材料设计刺绣商标，其创新点在于将一种新型高科技材料应用于刺绣商标中，不仅开拓了夜光纤维的应用前景，增加了产品的附加价值，彰显了刺绣艺术与高科技的完美结合，同时也是对服装服饰材料研究与运用的一种实践。

5.1.1 夜光刺绣商标的纤维特性

夜光刺绣商标是用含有稀土铝酸盐颗粒的夜光线绣制成的新型功能性商标，具有很好的蓄光-发光性能[3]。目前该稀土制品主要用在涂料、陶瓷等方面[4-6]，在纺织服装市场尚未出现。因此，开发该夜光商标拓宽了夜光纤维的应用领域，可以使其广泛用于服饰及防伪产品[7]，尤其是童装、工装、交警制服、环卫服装及安全性服装，方便夜间作业，具有应用开发价值。

夜光刺绣商标所用绣线采用的夜光纤维是以成纤聚合物PET、PA（聚酰胺）、PP等为基材，添加包膜处理的稀土铝酸锶微粒和纳米级助剂，经特种纺丝工艺制成的具有夜光性能的新型功能纤维[7]。该纤维具有发光性能，即只要吸收一定量的可见光，便能在黑暗状态下持续发光一段时间，可循环使用且无放射性元素，对人体不会产生伤害[8]。夜光绣线较之普通绣线的物理化学性能稳定，绣线本身无需染色且发光特性不受水洗影响。夜光绣线与普通绣线相比，在可见光下颜色种类较少，但在无光照环境下具有普通绣线没有的夜光效果，且以发黄绿色光为主。图 5-1 为夜光绣线在有光和无光时的效果图。

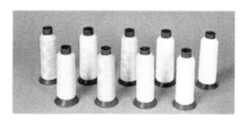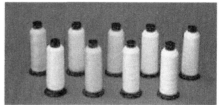

图 5-1　夜光绣线在有光和无光时的效果图

5.1.2　夜光刺绣商标的绣制方法

电脑绣花的具体工艺过程包括设计商标、电脑制版、选线配色、绣前准备、上机绣制和后整理 6 个步骤。电脑绣花制版常用的针迹密度为 0.04cm、0.05cm、0.06cm，在上机操作中需加纸衬垫底，绣花针采用常用的 11 号针，普通绣花线一般采用 66.66 dtex 的人造丝线和 60 dtex 的涤纶线[9]。夜光绣线采用自制 165 dtex/36 f 的涤纶线，绣底采用绣花常用毛毡基布（无锡依诗曼服装辅料厂提供）。

通过改变绣线颜色、绣底材质及绣线与绣底材质的叠加方式，绣制了 4 款夜光商标样品，如图 5-2～图 5-5 所示。从图中可以直观地看出不同组合方式下刺绣商标在白天和夜间的效果。

根据 4 款刺绣商标的设计方法制备样品，表 5-1 中的样品 1～6 是参照图 5-2～图 5-5 绣线和绣底的组合方式制备的，样品选用的制版针法统一，规格为 3cm×3cm。

(a) 白天效果   (b) 夜间效果

图 5-2　夜光虎头商标在白天和夜间的效果

(a) 白天效果   (b) 夜间效果

图 5-3　夜光蛟龙商标在白天和夜间的效果

(a) 白天效果   (b) 夜间效果

图 5-4　夜光帽徽商标在白天和夜间的效果

(a) 白天效果   (b) 夜间效果

图 5-5　夜光狮头商标在夜间和白天的效果

表 5-1　样品准备

样品	实验材料	样品组合示意图
1	蓝色夜光绣线，普通毛毡绣底（参照图 5-2）	蓝色夜光绣线 —3 cm— 绣底(普通毛毡)
2	蓝色夜光绣线，夜光毛毡绣底（参照图 5-3）	蓝色夜光绣线 —3 cm— 绣底(夜光毛毡)
3	黄色夜光绣线，普通毛毡绣底（参照图 5-4）	黄色夜光绣线 —3 cm— 绣底(普通毛毡)
4	黄色夜光绣线，夜光毛毡绣底（参照图 5-5）	黄色夜光绣线 —3 cm— 绣底(夜光毛毡)

样品	实验材料	样品组合示意图
5	黄色和蓝色夜光绣线叠加绣制，普通毛毡绣底（参照图 5-4）	蓝色和黄色夜光绣线 3 cm 绣底(普通毛毡)
6	黄色和蓝色夜光绣线叠加绣制，夜光毛毡绣底（参照图 5-5）	蓝色和黄色夜光绣线叠加 3 cm 绣底(夜光毛毡)

5.1.3　夜光刺绣商标的测试条件

余辉性能：采用浙大三色公司的 PR-305 型荧光余辉亮度测试仪测试彩色夜光纤维的余辉亮度，设置激发照度为 1000 lx，激发时间为 15min，测试前确保余辉亮度衰减完毕，测试时间间隔为 1s。

光色测量：采用浙大三色公司的 PR-650 光谱辐射分析仪测试夜光纤维在无光照时的光色性能，测试光谱范围为 380～780nm，参照白光选择 A 光源，室温。

5.1.4　纤维颜色对夜光刺绣商标光效的影响

（1）纤维颜色对夜光商标余辉亮度的影响

相对于普通绣线而言，夜光绣线的颜色很少，目前已经开发出十多种颜色[2]，不同颜色绣线绣制的商标在夜间发光亮度不同。将白色

（PET-W）、蓝色（PET-B）、黄色（PET-Y）、红色（PET-R）和绿色（PET-G）5 种颜色的夜光纤维制成 3cm×3cm 的工字形样本并测试其余辉性能（测试前确保样品余辉亮度衰减完毕），光照结束 10s 后开始测量，各样品的余辉衰减曲线如图 5-6 所示。

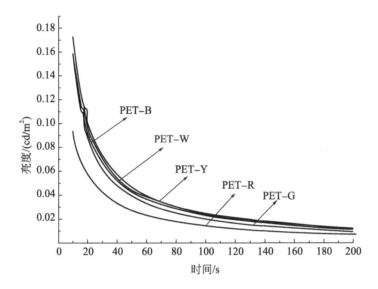

图 5-6　彩色夜光纤维的亮度衰减曲线

由图 5-6 可知，各样品的余辉衰减规律相似，亮度存在差别，呈现白色＞黄色＞绿色＞蓝色＞红色。参照图 5-2～图 5-5 刺绣商标在夜间的发光效果可看出，图 5-2 中绣线选用白色夜光纤维，亮度明显高于其他绣线绣制的商标。因此，选用白色夜光纤维绣制的商标发光效果明显，余辉亮度最大。

（2）纤维颜色对夜光商标光色性能的影响

在无光照条件下，对 5 种色彩的夜光纤维进行光色测量，得到彩色夜光纤维的色度坐标，如表 5-2 所示。根据 CIE1931 标准色度坐标仿真出一条舌形曲线，即光谱轨迹图，如图 5-7 所示。

表 5-2 彩色夜光纤维的光色特性

样品	色度坐标		主波长/nm	显色指数
	x 无光	y 无光		
PET-R	0.4084	0.4533	573	88.3
PET-Y	0.2409	0.2757	485	91.4
PET-B	0.2046	0.2292	478	76.6
PET-G	0.2461	0.4225	501	70.5
PET-W	0.2426	0.2333	480	92.0

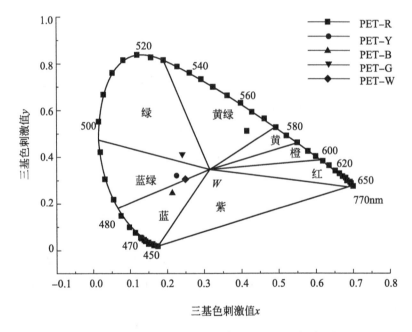

图 5-7 彩色夜光纤维光色 CIE1931 色度图

由表 5-2 可见，各彩色夜光纤维样品显色指数均集中在 70 以上，显色性能良好，且以白色夜光纤维显色性能最为突出，因此，选用白色夜光纤维绣制的商标显色性能好；彩色夜光纤维的光色色相可由光色的主波长来表征，白色、黄色、绿色和蓝色纤维的主波长相差不大，而红色夜光纤维主波长最大，光色偏向红光波段，产生红移现象，原因可能与颜料对光的吸收有关，颜料的添加使得红色夜光纤维的发射光谱在一定程度上受到较大牵引，光色偏向颜料色相。图 5-7 示出表 5-2 中各样品色度坐标对应的光色色相，可看出，各彩色夜光纤维光色分布在蓝色到黄色区域，包含人眼较敏感的黄绿色可见光范围。

由以上分析可知，夜光纤维的光色效果影响刺绣商标在夜间的呈色性能。在无光照条件下，对比款商标光色效果，具有光色相似的特征，且主要呈现纤维材料的黄绿色光，由于黄绿光对于人眼最敏感，商标在夜间具有良好的观赏价值和识别功能。

5.1.5 刺绣商标用纤维的光效对比分析

(1) 余辉亮度对比分析

取表 5-1 中的 6 种样品进行余辉亮度对比测试，将 100s 时间设为 O，200s 时间定为 P，300s 时间设为 Q，具体实验结果见表 5-3。

表 5-3 各样品余辉亮度测试参数 单位：cd/m^2

样品	初始亮度	O 点亮度	P 点亮度	Q 点亮度
1	0.7272	0.04264	0.02174	0.01434
2	1.877	0.06159	0.0309	0.02015
3	0.8534	0.03955	0.02033	0.01353
4	1.661	0.04514	0.02278	0.01498
5	2.167	0.05037	0.02584	0.01722
6	2.587	0.0695	0.03094	0.02027

由表 5-3 可知，各样品在初始亮度、O 点亮度、P 点亮度和 Q 点亮度呈现余辉逐渐衰减趋势，样品 6 的余辉亮度最大，且样品在各选定点的亮度规律呈现：样品 2＞样品 1，样品 4＞样品 3，样品 6＞样品 5。这是由于样品 2、4、6 改用夜光绣底，当光照射到样品表面时，光线先进入纤维材料再进入绣底基布，部分光线使纤维中的稀土铝酸盐发光材料受到激发，由于稀土元素具有丰富的电子能级，能级带中的电子吸收能量跃迁到高能级发生光的吸收，并将光能储存到纤维中。在无可见光时，电子又从高能级激发态跃迁回基态，将储存在纤维中的能量释放出来，产生光的发射。折射出纤维的光和被纤维选择性吸收的光透出后继续激发夜光绣底中的发光材料，再次产生光子发射，这两部分光经叠加后组成样品的发射光。由于样品是由不同色彩纤维叠加绣制而成，各纤维光色波长不同，属于非相干波的叠加（即不同频率的两个或多个平面单色波叠加）。根据光的叠加原理，混合色光相遇点所引起的扰动是各色光独自在该点所引起扰动的叠加，叠加后总光强是各束光强的总和。因此，经纤维叠加设计的样品发光亮度较大。

（2）光色性能对比分析

取表 5-1 中的 6 种样品进行光色性能测试，结果如图 5-8、图 5-9 所示。由图 5-8 可知，6 种样品光色的色纯度都不高，原因是样品用夜光纤维的光色处在黄光带、蓝光带和绿光带的宽带谱区域，且以发黄绿光为主，光色属于混合型；对比样品中的辐亮度可知，样品 6 的辐亮度最大，而样品 1 和 3 的辐亮度相对较小，原因是样品 2、4、5 和 6 的绣制方式均为纤维与纤维或纤维与夜光绣底的叠加，在无光照条件下，光束叠加使样品在夜间发光的辐射通量增大，因此，采用夜光绣线和夜光绣底组合设计的商标辐亮度相对增大，夜间发光效果好。

由图 5-9（a）可知，样品光色主波长集中在 480～500nm，为蓝绿色光波区域，原因可能是样品选用黄色和蓝色夜光纤维，使样品色相受到纤维中无机色膜颜色的牵引，光色轻微地向纤维中颜料色相的方向移动[10]。

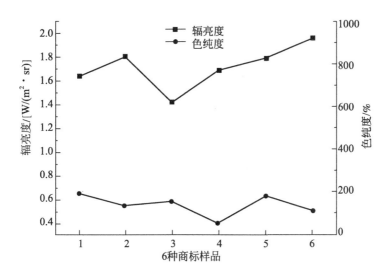

图 5-8 样品的辐亮度和色纯度对比

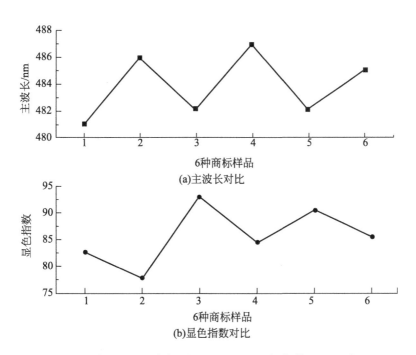

(a)主波长对比

(b)显色指数对比

图 5-9 样品的主波长对比（a）和显色指数（b）对比

图 5-9（b）中样品 2、4、6 选用夜光绣线和绣底叠加设计，各叠加层中的发光材料受到光照激发后产生多束发射光线，光线叠加使得样品发射光谱受到影响，光色再现性下降，所以显色性能较样品 1、3、5 差。但是，样品的显色指数值分布在 75～95 之间，达到 1B 及以上优良水平。因此，可选用彩色夜光纤维绣制夜光商标。

综上，夜光刺绣商标的余辉亮度受到纤维色彩的影响，在绣制商标时，考虑选用亮度最大的白色夜光纤维绣制，效果较好；相对于传统刺绣手法，选用夜光纤维间叠加或纤维与夜光绣底叠加设计均使得商标在无光照条件下亮度增加；选用彩色夜光纤维绣制的商标，增加了商标夜间的识别功能。刺绣商标的光色呈现出夜光纤维的黄绿色光，且色纯度相对较低，但显色指数均较高。纤维叠加设计的商标在夜间辐亮度较大，色纯度下降。

5.2　夜光纤维机绣织物的余辉亮度分析

夜光机绣织物是以添加稀土铝酸锶颗粒的涤纶绣线通过电脑绣花机绣制而成。该织物是具有夜间发光功能的高科技产品，且具有优异的长余辉发光性能[11-13]，常用于家纺刺绣、服装图案、商标标识以及刺绣装饰画等。该夜光绣线在日光环境下呈现红、黄、蓝等多种色彩，在黑暗环境下呈现黄光、黄绿光和绿光等多种色光，色光绚丽，可循环使用，无毒无害，无放射性[14]。目前，关于夜光纤维的研究主要集中在前期制备方法和工艺条件的改善方面，而对于夜光纤维制品的研究较少[15]。夜光机绣织物作为一种新型功能性纤维制品，类似于机织、针织、混纺、提花等织造工艺，克服了传统夜光涂层织物易脱落、手感差、服用性能和发光效果差的缺点[10]。

发光特性作为开发该蓄能型织物的主要功能，对其余辉性能的研究显得尤为重要。采用不同颜色夜光绣线、针迹类别、针迹间距及绣底基布时，夜光机绣织物的余辉亮度不同，本书选取自制的彩色稀土铝酸锶涤纶绣线制备多个绣花样品，分析样品发光亮度的变化及影响因素，得出余辉亮度最优参数，为开发出余辉刺绣织物提供了理论依据。

5.2.1 彩色夜光绣线的制备

将自制的稀土发光材料 $SrAl_2O_4$：Eu^{2+}，Dy^{3+} 分别与红色、黄色、蓝色和绿色无机透明色料混合均匀，经 1000℃条件灼烧 2～3h 后粉碎筛选出彩色发光基料，然后将其与涤纶树脂切片，并与功能性助剂在高速混合机中混合，在熔融温度为 280℃ 的条件下经双螺杆母粒制造机制得彩色纺丝母粒，最后将制备好的彩色母粒分别进行纺丝卷绕，加弹后制得线密度为 16.67tex/36f 的彩色稀土铝酸锶夜光涤纶丝线。

采用 16.67tex/36f 彩色稀土铝酸锶夜光涤纶绣线、面密度和厚度为 180g/m^2×1mm 的彩色毛毡绣底基布（由无锡依诗曼服装辅料厂提供）、不同制版规格制成刺绣样品，12 种样品规格见表 5-4。

表 5-4　不同样品的制版规格

样品	针迹手法	针迹间距/mm
1#	平包针	0.4
2#	他他米针	0.4
3#	图案连续反复分割	0.4
4#	周线针	0.4
5#	平包针	0.5
6#	他他米针	0.5
7#	图案连续反复分割	0.5
8#	周线针	0.5
9#	平包针	0.6

样品	针迹手法	针迹间距/mm
10#	他他米针	0.6
11#	图案连续反复分割	0.6
12#	周线针	0.6

5.2.2 彩色绣线对织物余辉亮度的影响

不同颜色夜光绣线光色不同，亮度也不同。在威尔克姆 9.0 制版软件中绘制针迹间距为 0.4mm 的 40mm×30mm 样品，针迹类别选用他他米针，分别采用白色（W）、红色（R）、黄色（Y）、蓝色（B）和绿色（G）夜光绣线通过电脑绣花机绣制出不同颜色的刺绣样品，研究颜色对夜光机绣织物余辉亮度的影响，实验结果见表 5-5。

表 5-5　不同颜色样品对夜光机绣织物余辉亮度的影响

样品	离开光源时初始余辉亮度/(cd/m²)	50s 时的余辉亮度/(cd/m²)
W	0.845	0.07248
Y	0.7478	0.03755
G	0.6695	0.03609
B	0.5968	0.03472
R	0.5168	0.03195

由表 5-5 可知，同一样品选用不同颜色夜光绣线绣制的余辉初始亮度不同，选用白色夜光绣线绣制的样品初始亮度最大，达到 0.845cd/m²，其次依次呈现黄色＞绿色＞蓝色＞红色的规律。根据夜光丝的发光原理[16]，夜光纤维受光照激发时，光线先经过纤维材料后再被无机透明

色料选择性吸收，激发光线在这个过程中产生部分损耗，而绣线中夜光颗粒被激发程度下降；在夜光纤维发射过程中，光线先经过无机色膜然后经纤维传递到达纤维表面，发射光线同样受到一定程度的损耗。因此，彩色夜光绣线与白色（未添加无机透明色料）夜光绣线相比，余辉亮度有所下降。

5.2.3 制版规格对织物余辉亮度的影响

夜光机绣织物是通过绣花制版软件来实现的[17]，不同的绣花制版软件针法略有不同。电脑绣花制版在实际生产中常用的针迹间距为0.04cm、0.05cm、0.06cm[9]，分别选用威尔克姆9.0制版软件中常用的平包针、他他米针、周线针及图案连续反复分割4种针迹和3种常用针迹间距绣制40mm×30mm样品，具体样品制版规格见表5-4。

(1) 针迹手法对织物余辉亮度的影响

选取表5-4中的1#、2#、3#和4#刺绣小样，采用浙大三色的PR-305型荧光余辉亮度测试仪分别对其进行测试（测试前确保余辉亮度衰减完毕），设置激发照度1000lx，激发时间15min，在结束10s后开始测量，得出不同针迹手法余辉亮度曲线如图5-10所示。可以看出，4种不同针迹亮度衰减曲线接近重合，衰减规律为：1#＜3#＜2#＜4#。其中，周线针针迹余辉亮度最大，平包针针迹绣制的织物余辉亮度最小。

一方面是由于不同刺绣针迹手法绣制出的样品组织结构各异，因而影响照射到织物表面的反射光特性。图5-11是4种针法宏观轨迹形态图。从图中可以看出，样品2#和4#相对1#和3#的织物表面平整，针迹平整的织物反射光汇聚效果好，光线集中使得亮度增加。样品4#呈现出针迹层层叠加的形态，造成反射光线叠加使得相对2#样品2亮度增大；样品1#和3#针迹组织表面呈现凹凸规律，样品3#的表面凹凸幅度大于样品1#，使得反射光线发散，从而影响织物夜间发光效果。

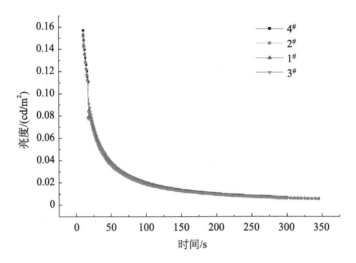

图 5-10　不同针迹手法的余辉亮度曲线

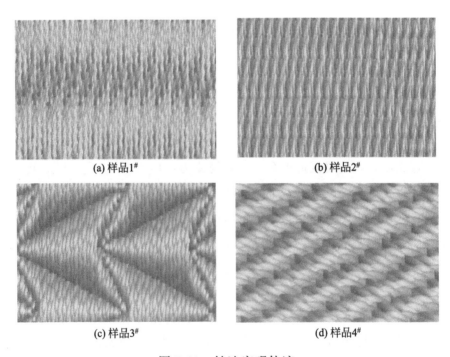

(a) 样品1#

(b) 样品2#

(c) 样品3#

(d) 样品4#

图 5-11　针法宏观轨迹

另一方面，不同针迹在电脑绣花机上运行的轨迹不同，相同针迹间距条件下不同针迹手法所用的绣线总长和针迹总数不同。表 5-6 是样品 $1^{\#}$、$2^{\#}$、$3^{\#}$、$4^{\#}$ 在威尔克姆 9.0 制版软件中的花样属性。从表 5-6 可以看出，相同针迹间距下，周线针所用针迹总数最多，绣线总长最长，且随着针迹总数和绣线总长的增加，稀土铝酸锶的含量越多，织物表面发射光的累积量增多，亮度增加。但是由于 $3^{\#}$ 样品在刺绣过程中剪线一次，且跳针长度为 6.7m，因此，采用图案连续反复分割绣制的样品实际长度范围为 6.76～13.46m，在一定程度上影响刺绣织物的表面效果，从而降低了夜间发光亮度。

表 5-6　制版花样属性

针迹	花样设计属性				
	针迹总数	绣线总长 /m	底线总长 /m	剪线次数	跳针长度 /m
平包针	1073	10.50	4.83	0	0
他他米针	1695	11.73	4.83	0	0
图案连续反复分割	2499	13.46	4.90	1	6.7
周线针	3173	14.70	4.83	0	0

(2) 针迹间距对余辉亮度的影响

选用表 5-4 中的 $1^{\#}$、$5^{\#}$ 和 $9^{\#}$ 样品测试织物余辉亮度，得到不同针迹间距的余辉亮度曲线如图 5-12 所示。由图 5-12 可见，相同针迹手法条件下余辉亮度规律为：$9^{\#}<5^{\#}<1^{\#}$，即针迹间距为 0.4mm 的平包针织物亮度最大，随着针迹间距的增大，织物亮度呈降低趋势。原因是针迹间距增大，织物针迹密度反而减小，因此，入射光线的透过率相对增大，从而间接影响反射光线的强度。

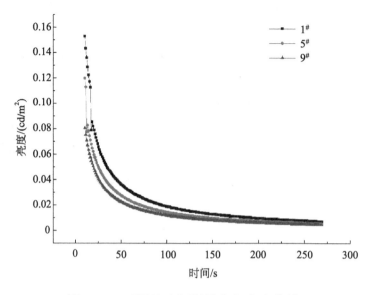

图 5-12 不同针迹间距的余辉亮度曲线

（3）基布颜色对绣花织物发光性能的影响

夜光机绣织物一般采用毛毡作为贴布绣绣底基布，基布的颜色也会影响绣品的亮度和光色。选取 4 种彩色和 2 种非彩色毛毡作基布，采用 0.4mm 的他他米针迹分别在不同颜色毛毡（面密度 $180g/m^2$、厚度 1mm）：黑色（B1）、白色（W1）、红色（R1）、橙色（O1）、黄色（Y1）、绿色（G1）绣制 10mm×10mm 的刺绣小样。

对 6 种不同颜色样品进行余辉亮度测试，设置激发照度 1000lx，激发时间 15min，激发后开始测量，得出不同基布颜色余辉递减曲线如图 5-13 所示。从图中看出，颜色对绣品亮度的影响规律为：B1＜R1＜G1 ＜O1＜Y1＜W1，其中，白色基布对绣品亮度影响最大，初始亮度达 $0.4568cd/m^2$，黑色基布对余辉亮度影响最小，仅为 $0.1527cd/m^2$。原因是当刺绣织物受到外来光波照射时，光就会与基布中的染料分子和绣品中的夜光颗粒发生作用。在光通量总和一定的条件下，基布中的染料分

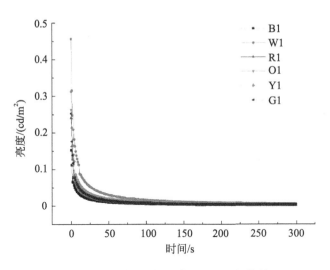

图 5-13　彩色基布对余辉的影响曲线

子吸收了一部分光能，从而减少了夜光颗粒的吸收。因此，随着基布中染料分子吸收能力的增强，织物发光性能减弱。为了直观分析不同颜色基布对绣品亮度的影响程度，对以上 6 种颜色基布进行 K/S 值测试，得出不同颜色基布在最大吸收波长下的 K/S 值分布，如图 5-14 所示。从图中看出，在面密度为 180g/m² 、厚度为 1mm 条件下，不同颜色基布的

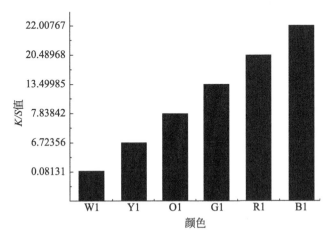

图 5-14　不同颜色基布的 K/S 值

K/S 排列顺序为：B1＞R1＞G1＞O1＞Y1＞W1。将其与图 5-13 比较得出对应关系：基布的 K/S 值表明染料分子对光的吸收能力，随着基布 K/S 值的增加，染料分子吸收光能增强，而夜光颗粒的吸收系数相对减小，余辉亮度相对减弱。

5.2.4　响应曲面法建立夜光机绣织物余辉亮度模型

影响机绣织物发光亮度的因素较多，如绣线颜色、制版针迹密度、针迹长度、针迹手法、针迹速度以及外界激发时间等都会对其产生直接影响。就目前的研究现状而言，对夜光刺绣织物的研究主要集中在绣线的选择上，未见对其制版结构参数的研究。例如：葛明桥等[2] 将夜光绣线应用到传统的家纺设计中，研发出了具有长余辉夜光效果的手工刺绣织物，探讨了夜光绣线颜色对织物发光性能的影响。但是，传统的手工刺绣工艺具有耗时长、随机干扰因素比较大的缺点，因此，无法快速找到最优工艺参数配置，造成制备的夜光织物发光亮度低且余辉时间相对较短。为了解决这个问题，本书采用电脑绣花制版技术，提前对织物的针迹间距、针迹手法、颜色配置等进行设计。

鉴于电脑制版工艺及外界环境对织物余辉亮度影响的重要性，许多学者对该机绣织物工艺展开了研究。本书以针迹间距、针迹速度及外界激发时间这三个影响因素为设计因子，利用 Box-Behnken design[18-20] 进行了三因子三水平正交试验设计。根据试验设计的结果进行机绣织物的余辉亮度试验，利用余辉亮度测试仪对样品的余辉亮度进行测试。利用响应曲面法对试验结果进行回归分析，得到织物余辉亮度的响应曲面模型。根据响应曲面模型，分析针迹间距、针迹速度及外界激发时间对余辉亮度的交互影响规律，并对工艺参数进行优化。

（1）Box-Behnken 试验方案设计

Box-Behnken design（BBD）是试验设计中经常采用的建模方法，可以直观地研究因子与响应因子之间的关系[21,22]。根据电脑绣花制版软件的设置和实验需求，确定三因子的试验范围，包括对针迹间距、针迹速度及外界激发时间进行水平编码，−1 设定为低掺量代码，0 设定为中掺量代码，1 设定为高掺量代码，各编码对应的因素取值如表 5-7 所示。

表 5-7　Box-Behnken 试验因子取值与水平编码对照表

编码	因素		
	针迹间距 X_1/mm	针迹长度 X_2/mm	激发时间 X_3/min
−1	0.4	3.5	10
0	0.5	4	15
1	0.6	4.5	20

(2) 测试方法及结果

以长余辉白色夜光绣线为原料，纱线规格为 150D/2 股（常熟江辉纤维制品科技有限公司提供）。样品的制版工作通过威尔克姆 9.0 绣花制版软件来实现，统一采用他他米针法制成 4cm×4cm 的样板，然后在电脑绣花机上实现样品试制。织物的余辉亮度采用杭州浙大三色仪器有限公司的 PR-305 型长余辉亮度测试仪测试，照度设置为 1000lx，光照时间为 15min，光照结束 10s 开始测量，测试时间间隔为 1s，每个样品进行 5 次重复试验，取其平均值作为样品的余辉亮度值。试验按照表 5-8 所示参数进行样品试制，最后采用 Minitab 软件对试验进行设计，试验安排及测试结果如表 5-9 所示。

表 5-8　夜光机绣织物制版工艺参数配置表

工艺参数名称	取值
最小针迹长度/mm	0.4
针迹速度/（r/min）	700

工艺参数名称	取值
偏移系数 A、B	A：25%；B：25%
随机系数/%	0%
跳针/mm	7
运行平针长度/mm	1.5

表 5-9　基于 BBD 的试验设计及结果

实验序号	针迹间距 d/mm	针迹长度 l/mm	激发时间 t/min	余辉亮度 B/(cd/m²)
1	0.6	3.5	17	1.5756
2	0.4	3.5	17	1.5784
3	0.6	4.5	17	1.5789
4	0.4	4.5	17	1.5792
5	0.6	4	15	1.4569
6	0.4	4	15	1.5076
7	0.6	4	20	1.5789
8	0.4	4	20	1.6147
9	0.5	3.5	15	1.4498
10	0.5	4.5	15	1.5143
11	0.5	3.5	20	1.5706
12	0.5	4.5	20	1.6215
13	0.4	4	17	1.5751
14	0.5	4	17	1.5688
15	0.6	4	17	1.5617

（3）统计分析

为了分析三因素的一次、二次以及交互作用对夜光机绣织物余辉亮度的影响规律，本书建立了完全二次回归模型，即一个描述响应变量与自变量之间的关系模型。该模型的数据表达方程式为

$$B=\alpha_0+\alpha_d d+\alpha_l l+\alpha_t t+\alpha_{dd}d^2+\alpha_{ll}l^2+\alpha_{tt}t^2+\alpha_{dl}dl+\alpha_{dt}dt+\alpha_{lt}lt+\varepsilon$$

$$(5\text{-}1)$$

式中，B 为余辉亮度；d，l，t 分别为针迹间距、针迹长度、针迹时间三项影响因素；α_0 为常数项，α_d，α_l，α_t 分别为三因素的一次项系数；α_{dd}，α_{ll}，α_{tt} 分别为三因素的二次项系数；α_{dl}，α_{dt}，α_{lt} 分别为三因素的交互项系数；ε 为误差（包括试验误差和拟合误差）。织物各因素对应的估计系数及模型的方差分析结果如表 5-10 所示。

表 5-10　各因素的估计系数及模型的方差分析结果

变量	系数	标准误差	T 值	P 值
ε	-1.2130	0.6136	-1.9769	0.1050
d	-0.1219	0.8413	-0.1449	0.8904
l	0.2739	0.1168	2.3450	0.0660
t	0.2294	0.0454	5.0569	0.0039
d^2	-0.6615	0.6855	-0.9650	0.3788
l^2	-0.0297	0.0078	-3.7986	0.0126
t^2	-0.0058	0.0012	-4.9456	0.0043
dl	0.1179	0.0611	1.9302	0.1115
dt	0.0094	0.0223	0.4216	0.6908
lt	-0.0024	0.0045	-0.5354	0.6153
$R\text{-}Sq$	98.26%	$R\text{-}Sq$ (adj)		95.12%

将各系数值代入式（5-1）得到完整的回归模型表达式：

$$B = -1.2130 - 0.1219d + 0.2739l + 0.2294t - 0.6615d^2$$
$$- 0.0297l^2 - 0.0058t^2 + 0.1179dl + 0.0094dt - 0.0024lt \qquad (5\text{-}2)$$

根据统计学假设检验原理可知，P 值代表观察到的实际数据与原假设之间不一致的概率[23]，系数为正表明指标数值随变量增大而增大，系数为负表明指标数值随变量增大而减小；当 P 值大于 0.10 表明该对应项不显著，P 值小于 0.10 表明该对应项显著，P 值小于 0.01 表明该对应项高度显著。

因此，由表 5-10 可知，一次项 t 高度显著，一次项 l 显著；二次项 t^2 高度显著，二次项 l^2 显著；交互项都不显著。多元回归项系数 $R\text{-}Sq$ 为 98.26%，调整后的 $R\text{-}Sq(adj)$ 为 95.12%，表明该模型中仅有 3.14% 的误差不能通过解释。该方差分析结果说明该模型与实际情况拟合良好，可作为织物余辉亮度测试的理论预测。剔除模型中的不显著项，可得到织物余辉亮度 B' 随各因素变化的二次回归方程模型：

$$B' = -1.2130 + 0.2739l + 0.2294t - 0.0297l^2 - 0.0058t^2 \qquad (5\text{-}3)$$

（4）工艺参数对织物余辉亮度的影响

由表 5-9 和表 5-10 可知，工艺参数中激发时间和针迹长度对织物的余辉亮度显著影响，而针迹间距对其余辉亮度影响不显著，可能是样品选择的针迹间距范围变化过窄。由图 5-15 可看出，针迹间距、针迹速度及外界激发时间对机绣织物余辉亮度的影响均为非线性，响应曲面出现弯曲。其中，图 5-15（a）曲面随着针迹长度 l 和激发时间 t 的增大，余辉亮度 B 逐渐变大，说明激发时间和针迹长度对织物余辉亮度影响显著；图 5-15（b）影响同样显著，当针迹间距 d 一定时，随着激发时间 t 的增大，余辉亮度 B 明显变大，而当激发时间 t 固定不变，随着针迹间距 d 的变大，余辉亮度 B 反而逐渐减弱；图 5-15（c）曲面凹陷，当针迹长度 l 一定时，随着针迹间距 d 的增大，余辉亮度 B 缓慢减弱。当针

迹间距 d 一定时，随着针迹长度 l 的增大，余辉亮度 B 缓慢变大，且增加的范围明显低于图 5-15（a）和（b）中激发时间 t 对亮度的影响，符合所建模型描述。通过以上分析，可以进一步确定激发时间是影响夜光机绣织物余辉亮度较显著的因素，其次分别是针迹长度和针迹间距。通过响应曲面法建立的余辉亮度模型可以得出，夜光机绣织物余辉亮度的最佳工艺参数为激发时间 20min，针迹长度 4.5mm，针迹间距 0.4mm。

综上，白色（未添加无机透明色料）夜光绣线绣制的机绣织物余辉亮度最大，彩色绣线绣制的织物亮度相对较低，其次依次呈现黄色＞绿色＞蓝色＞红色的规律；与威尔克姆 9.0 制版软件中的平包针、他他米针和图案连续反复分割相比，采用周线针针法且针迹间距在 0.4mm 的织物余辉亮度最大，且随着针迹间距加大，织物针迹密度减小，透射光能

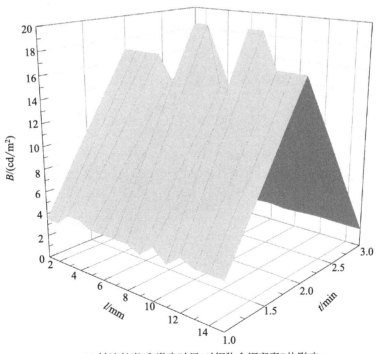

(a) 针迹长度 l 和激发时间 t 对织物余辉亮度 B 的影响

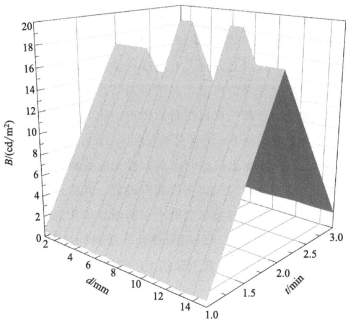

(b) 针迹间距d和激发时间t对织物余辉亮度B的影响

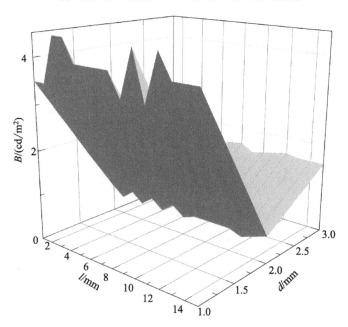

(c) 针迹长度l和针迹间距d对织物余辉亮度B的影响

图 5-15　机绣织物余辉亮度响应曲面

力增强使得反射光能力相对减弱，余辉亮度降低；机绣织物的余辉亮度受到基布颜色 K/S 值的影响，随着基布中染料分子吸收光能的增加，夜光颗粒的吸收能力减弱，织物发光性能降低，且余辉亮度与基布的 K/S 值成反比；借助响应曲面法对影响夜光机绣织物余辉亮度的指标进行评价，得到各因素对余辉亮度的显著性顺序：激发时间＞针迹长度＞针迹间距。余辉亮度随着激发时间的延长而显著变大，随着针迹长度的增加而增大，但是，针迹间距对响应值的影响不明显。因此，在批量生产过程中，应首先确定激发时间和针迹长度两个参数，然后调整针迹间距，以便制备出余辉亮度较高的织物；在试验设计中，当激发时间为 20min，针迹长度为 4.5mm，针迹间距为 0.4mm 时，夜光机绣织物的余辉亮度最佳，且能够在黑暗条件下发出明显的夜光效果。

参考文献

[1] 赵越. 一种服装商标体[P]. CN200920255528. 8. 2009-11-23.

[2] 王雅冰，葛明桥. 夜光刺绣品的设计及绣制[J]. 丝绸，2012，49(4)：1-4.

[3] Kalsumata T，Nabae T，Sasajima K. Growth andcharacteristics of long persistent SrAl$_2$O$_4$ and CaAl$_2$O$_4$ based phosphor crystals by a floating zone technique[J]. Journal of Crystal Growth，1998，183(3)：361-365.

[4] 任新光，孟继武. 电弧法 SrAl$_2$O$_4$：Eu^{2+} 长余辉发光陶瓷的制备及其光谱分析[J]. 光谱学与光谱分析，2000，20(3)：268-269.

[5] 刘晓林，邹新阳，施磊，等. 铝酸盐长余辉发光涂料光学性能研究[J]. 稀有金属，2008，32(4)：502-505.

[6] Hls J，Kirm M，Laamanen T，et al. Electronic structure of the SrAl$_2$O$_4$：Eu^{2+} persistent luminescencematerial[J]. Journal of Rare Earths，2009(27)：550-554.

[7] Zhang J S，Ge M Q. A study of an anti-counterfeiting fiber with spectral fingerprint

characteristics[J]. Journal of Textile Research, 2011, 102(9): 767-773.

[8] 葛明桥, 虞国炜. 彩色与彩色光稀土夜光纤维的开发及应用[J]. 针织工业, 2004(4): 65-67.

[9] 杨梅, 赵晶, 钟文燕, 等. 电脑刺绣花版编辑在成衣设计中的应用[J]. 轻纺工业与技术, 2013, 42(1): 74-77.

[10] 葛明桥, 赵菊梅, 郭雪峰. 稀土铝酸锶夜光纤维的光色特性[J]. 纺织学报, 2009, 05: 1-5.

[11] Kalsumata T, Nabae T, Sasajima K. Growth and characteristics of long persistent $SrAl_2O_4$ and $CaAl_2O_4$ based phosphor crystals by a floating zone technique[J]. Journal of Crystal Growth, 1998, 183(3): 361-365.

[12] Chen R, Wang Y H, Hu Y H, et al. Modifi-cation on luminescent properties of $SrAl_2O_4$: Eu^{2+}, Dy^{3+} phosphor by Yb^{3+} ions doping[J]. Journal of Luminescence, 2008, 128(7): 1180-1184.

[13] Xiao L Y, Xiao Q, Liu Y L. Preparation and characterization of flower-like $SrAl_2O_4$: Eu^{2+}, Dy^{3+} phosphors by sol-gel process[J]. Journal of Rare Earths, 2011, 29(1): 39-43.

[14] 赵菊梅, 郭雪峰, 徐燕娜, 等. 稀土铝酸锶夜光纤维的发光性质[J]. 纺织学报, 2008, 29(11): 1-5.

[15] 郭雪峰, 刘志香, 葛明桥. 稀土铝酸锶夜光机织物发光亮度的研究[J]. 上海纺织科技, 2013, 41(4): 37-38.

[16] 林元华, 张中太, 张枫, 等. 铝酸盐长余辉光致发光材料的制备及其发光机理的研究[J]. 材料导报, 2000(1): 35-37.

[17] 孙斐, 谢军. 电脑绣花图案与针法表现技法探究[J]. 美术大观, 2008(11): 218.

[18] Annadurai G, Sheeja R Y. Use of Box-Behnken design of experiments for the adsorption of verofix red using biopolymer[J]. Bioprocess Engineering, 1998, 18(6): 463-46.

[19] Solanki A B, Parikh J R, Parikh R H. Formulation and optimization of piroxicam proniosomes by 3-factor, 3-level box-behnken design[J]. AAPS Pharmscitech, 2007, 8(4): 1-7.

[20] Ferreira S L C, Bruns R E, Ferreira H S, et al. Box-Behnken design: An alternative for the optimization of analytical methods[J]. Analytica Chimica Acta, 2007, 597(2):

179-186.

[21] Box G E P，Behnken D W. Some new three level designs for the study of quantitative variables[J]. Technometrics，1960，2(4)：455-475.

[22] Rodrigues P M S M，et al. Factorial analysis of the trihalomethanes formation in water disinfection using chlorine［J］. Analytica Chimica Acta，2007，595（1-2）：266-274.

[23] 费宇，石磊. 统计学[M]. 北京：高等教育出版社，2010.